日本音響学会 編
The Acoustical Society of Japan

音響サイエンスシリーズ **15**

音のピッチ知覚

大串健吾

著

コロナ社

音響サイエンスシリーズ編集委員会

編集委員長
富山県立大学
工学博士　平原　達也

編 集 委 員

熊本大学	九州大学
博士(工学)　川井　敬二	河原　一彦

千葉工業大学	小林理学研究所
博士(工学)　苣木　禎史	博士(工学)　土肥　哲也

神奈川工科大学	日本電信電話株式会社
工学博士　西口　磯春	博士(工学)　廣谷　定男

同志社大学
博士(工学)　松川　真美

(五十音順)

(2016 年 6 月現在)

刊行のことば

　音響サイエンスシリーズは，音響学の学際的，基盤的，先端的トピックについての知識体系と理解の現状と最近の研究動向などを解説し，音響学の面白さを幅広い読者に伝えるためのシリーズである。

　音響学は音にかかわるさまざまなものごとの学際的な学問分野である。音には音波という物理的側面だけでなく，その音波を受容して音が運ぶ情報の濾過処理をする聴覚系の生理学的側面も，音の聴こえという心理学的側面もある。物理的な側面に限っても，空気中だけでなく水の中や固体の中を伝わる周波数が数ヘルツの超低周波音から数ギガヘルツの超音波までもが音響学の対象である。また，機械的な振動物体だけでなく，音を出し，音を聴いて生きている動物たちも音響学の対象である。さらに，私たちは自分の想いや考えを相手に伝えたり注意を喚起したりする手段として音を用いているし，音によって喜んだり悲しんだり悩まされたりする。すなわち，社会の中で音が果たす役割は大きく，理科系だけでなく人文系や芸術系の諸分野も音響学の対象である。

　サイエンス（science）の語源であるラテン語の *scientia* は「知識」あるいは「理解」を意味したという。現在，サイエンスという言葉は，広義には学問という意味で用いられ，ものごとの本質を理解するための知識や考え方や方法論といった，学問の基盤が含まれる。そのため，できなかったことをできるようにしたり，性能や効率を向上させたりすることが主たる目的であるテクノロジーよりも，サイエンスのほうがすこし広い守備範囲を持つ。また，音響学のように対象が広範囲にわたる学問分野では，テクノロジーの側面だけでは捉えきれない事柄が多い。

　最近は，何かを知ろうとしたときに，専門家の話を聞きに行ったり，図書館や本屋に足を運んだりすることは少なくなった。インターネットで検索し，リ

ストアップされたいくつかの記事を見てわかった気になる。映像や音などを視聴できるファンシー（fancy）な記事も多いし，的を射たことが書かれてある記事も少なくない。しかし，誰が書いたのかを明示して，適切な導入部と十分な奥深さでその分野の現状を体系的に著した記事は多くない。そして，書かれてある内容の信頼性については，いくつもの眼を通したのちに公刊される学術論文や専門書には及ばないものが多い。

　音響サイエンスシリーズは，テクノロジーの側面だけでは捉えきれない音響学の多様なトピックをとりあげて，当該分野で活動する現役の研究者がそのトピックのフロンティアとバックグラウンドを体系的にまとめた専門書である。著者の思い入れのある項目については，かなり深く記述されていることもあるので，容易に読めない部分もあるかもしれない。ただ，内容の理解を助けるカラー画像や映像や音を附録 CD-ROM や DVD に収録した書籍もあるし，内容については十分に信頼性があると確信する。

　一冊の本を編むには企画から一年以上の時間がかかるために，即時性という点ではインターネット記事にかなわない。しかし，本シリーズで選定したトピックは一年や二年で陳腐化するようなものではない。まだまだインターネットに公開されている記事よりも実のあるものを本として提供できると考えている。

　本シリーズを通じて音響学のフロンティアに触れ，音響学の面白さを知るとともに，読者諸氏が抱いていた音についての疑問が解けたり，新たな疑問を抱いたりすることにつながれば幸いである。また，本シリーズが，音響学の世界のどこかに新しい石ころをひとつ積むきっかけになれば，なお幸いである。

2014 年 6 月

音響サイエンスシリーズ編集委員会

編集委員長　平原　達也

まえがき

　音のピッチとは音の高さ（音高）のことである。音の高さといえば単純そうに聴こえるが，必ずしもそうではない。例えば，母音の「ア」と「イ」をピアノの同じキーに合わせて発声してもらったとする。それを聴くとどちらが高いと感じるであろうか。同じキーだから「ア」と「イ」は同じ高さだと判断する人もいるし，また「イ」のほうが高いと判断する人もいる。

　ピッチは，音の大きさ（ラウドネス），音色とともに音の三要素と呼ばれている。しかし，それぞれの要素は独立ではない。日常生活の中では，ピッチと音色は特に混然一体となって聴覚に訴えかけてくるので，必ずしもそれらの境界は明確ではない。

　ピッチは，音による外界認知や音声によるコミュニケーションに重要な働きを担っている。また音楽の分野では，ピッチはメロディーやハーモニーを構成するために必要欠くべからざる要素である。

　ピッチ知覚の研究は古くから聴覚理論の中心的課題であった。おそらく聴覚のメカニズムがどのような構成になっているのかという素朴な疑問を解くために，重要な手掛かりになる現象だったということも一因であろう。聴知覚の諸現象のうちでは，ピッチ知覚現象は最も古くから科学的研究が行われており，研究の数も最も多いと思われる。また分野としては，数学，物理学，心理学，生理学，脳科学，音楽理論，その他のさまざまな広い分野に関連している。

　執筆者として最も頭を悩ませたのは，さまざまな観点から行われてきたこれまでのピッチ知覚の研究をいかに分類し体系化するかという問題であった。関連文献を読み進めながらさまざまな試みの末に，下記のような分類を行い，書き終えることができた。

　第1章の音の物理的性質については，音響物理についての入門書や専門書は

多いので，最小限のことだけを述べている。

　第2章は，ピッチ知覚のメカニズムを理解するために必要な聴覚系の構造や機能について紹介する。聴覚的な情報は，聴神経から大脳皮質聴覚野までニューロンの発生する神経インパルスによって伝送されている。そこでピッチ知覚を生み出す時間情報（神経インパルス列の時間パターン）と場所情報（神経インパルスの数の場所パターン）の生理学的基礎として重要な，基底膜，有毛細胞，聴神経（第1次ニューロン）についてはかなり詳しく述べている。また，最近発展の著しい大脳皮質聴覚野の神経科学的研究についても述べている。

　第3章は，そもそもピッチが1次元的性質（トーンハイト）と循環的な性質（トーンクロマ）の両者からなっていること，それらのおのおのに関連するピッチの諸現象について解説している。またピッチのある部分が音色の要素とも解釈されること，さらにJISでも採用されているピッチの単位メルについての問題点なども取り上げている。

　第4章は，すべての音の基本となる純音（正弦波音）のピッチに関連する基礎的な心理実験結果について解説している。純音のピッチは，音の強さや持続時間，あるいはほかの音の存在により変化する。

　第5章は，本書の心臓部に当たる最も重要な部分である。複合音のピッチに対する19世紀のSeebeckとOhmの論争からHelmholtzのピッチ理論，のちにそれに対抗したSchoutenのレジデュー理論などから始まるさまざまなピッチ知覚研究について紹介する。さらに，複合音のピッチの聴き方には総合的聴取と分析的聴取があること，純音のピッチは必ずしもその周波数に等しい基本周波数をもつ複合音とは一致しないこと，部分音のピッチ，分解される複合音と分解されない複合音のピッチ知覚，雑音のピッチなど，さまざまな内容を盛り込んでいる。

　第6章は，自己相関モデル，パターン認識モデルやMooreのモデルなどのピッチ知覚のモデルについて解説している。

　第7章は，ほかの章とは内容やスタイルが大きく異なるが，音楽における

ピッチ知覚の問題や音律の問題を扱っている。本章は，これまでに音楽系，音楽教育系の大学生に対して行った音律についての授業内容が中心になっている。数学的に各音律の周波数を計算するなどということは考えたこともなかった学生が大部分であったが，多くの学生がこの内容について強い興味を示した。セント値に関する簡単な例題も掲載している。

　最後に第8章は，しばしば議論になるピッチの定義に関する変遷について補足的に資料を追ってみた。また，ピッチ知覚研究の今後の課題について簡単に考えを述べている。

　専門書は内容自体が難しいことが多く，どうしても難しく読み難くなる傾向があるように感じるが，本書はできるだけわかりやすく読めるよう表現することに努めた。必ずしもそのような意図が十分に実現できたとは思えないが，多くの初学者や研究者の方々の参考になれば幸いである。

　最後に，本書を出版する機会を与えていただいた日本音響学会（平原達也編集委員長）およびコロナ社に深く感謝の意を表する。

2016年10月

大串　健吾

目　　次

第1章　音の物理的性質

1.1　音　と　音　波 ································ 1
1.2　音の時間波形 ································· 1
1.3　音のスペクトル ······························· 4
1.4　音圧と音圧レベル ····························· 5

第2章　聴覚系の構造と機能

2.1　聴覚系の構成 ································· 7
2.2　外　　　　耳 ································· 9
2.3　中　　　　耳 ································· 9
2.4　蝸　　　　牛 ································· 10
　2.4.1　蝸牛の構造 ······························ 10
　　2.4.2　基　底　膜 ···························· 12
　　　2.4.3　有毛細胞 ···························· 17
2.5　聴　神　経 ··································· 20
　2.5.1　聴神経の構造と機能 ······················ 20
　　2.5.2　静　的　特　性 ························ 21
　　　2.5.3　動　的　特　性 ······················ 24
2.6　蝸牛神経核から内側膝状体までにおける神経核の構造と応答特性
　　　 ··· 33
　2.6.1　蝸　牛　神　経　核 ······················ 33
　　2.6.2　上オリーブ複合体 ······················ 35

　　　　2.6.3　下　　　丘 ……………………………………………………… 36
　　　　2.6.4　内 側 膝 状 体 ……………………………………………… 37
2.7　純音刺激に対する応答の位相固定 ……………………………………… 38
2.8　変調伝達関数（MTF）…………………………………………………… 38
2.9　大脳皮質聴覚野 …………………………………………………………… 39
　　2.9.1　ヒトとサルのピッチ知覚特性 …………………………………… 40
　　2.9.2　サルの聴覚皮質 …………………………………………………… 41
　　2.9.3　ヒトの聴覚皮質 …………………………………………………… 44
　　2.9.4　聴覚皮質ニューロンの特性 ……………………………………… 46
　　2.9.5　ピッチセンター …………………………………………………… 48

第3章　ピッチとは何か

3.1　ピッチの定義 ……………………………………………………………… 51
3.2　ピッチの構造 ……………………………………………………………… 52
　　3.2.1　ピッチのらせん構造モデル ……………………………………… 52
　　3.2.2　ピッチと音色 ……………………………………………………… 54
　　3.2.3　ピッチの時間情報と場所情報 …………………………………… 55
3.3　音楽的ピッチの諸特性 …………………………………………………… 56
　　3.3.1　オクターブ類似性 ………………………………………………… 56
　　3.3.2　音楽的ピッチの周波数範囲 ……………………………………… 58
　　3.3.3　音楽的ピッチを伝送する情報 …………………………………… 62
3.4　無　限　音　階 …………………………………………………………… 62
　　3.4.1　無限音階構成音のスペクトル …………………………………… 62
　　3.4.2　無限音階構成音に対する聴神経の反応 ………………………… 64
　　3.4.3　ピッチ比較判断の個人差とその要因 …………………………… 66
　　3.4.4　無限音階構成音を用いた旋律 …………………………………… 67
3.5　オクターブ伸長現象 ……………………………………………………… 68
　　3.5.1　オクターブ伸長現象の実験データ ……………………………… 68
　　3.5.2　オクターブ伸長を説明する理論 ………………………………… 70

3.5.3　多重オクターブの伸長幅 …………………………………… 72
3.6　ピッチの音色的側面（音色的ピッチ）の特性 ……………………… 72
3.7　ピッチの単位「メル」とその問題点 ………………………………… 73
3.8　周波数と空間的高さとの関係 ………………………………………… 77

第4章　純音のピッチ

4.1　純音の可聴周波数範囲 ………………………………………………… 79
4.2　周波数弁別閾 …………………………………………………………… 79
4.3　持続時間とピッチ ……………………………………………………… 81
4.4　ピッチに及ぼす音圧レベルの影響 …………………………………… 83
4.5　他音の存在によるピッチシフト ……………………………………… 85
　　4.5.1　雑音によるピッチシフト ……………………………………… 85
　　4.5.2　先行音によるピッチシフト …………………………………… 86

第5章　複合音のピッチ

5.1　初期の聴覚理論 – 時間説と場所説の論争 – ………………………… 88
5.2　レジデュー理論の出現 ………………………………………………… 91
　　5.2.1　Schouten の実験 ……………………………………………… 91
　　5.2.2　レジデュー理論 ………………………………………………… 92
　　5.2.3　複合音の成分の周波数シフト実験 …………………………… 94
　　5.2.4　マスキング実験による場所説の否定 ………………………… 95
　　5.2.5　振幅変調音によるピッチ知覚実験 …………………………… 96
　　5.2.6　ピッチシフトの第1効果と第2効果 ………………………… 98
　　5.2.7　レジデューピッチの存在領域 ………………………………… 100
　　5.2.8　結合音によるピッチシフトの第2効果の説明 ……………… 101
5.3　差音と結合音 …………………………………………………………… 103

5.3.1　聴覚の非線形特性による結合音の発生 ……………………… 103
　　5.3.2　結合音の可聴性 ………………………………………………… 104
　　5.3.3　結合音の大きさ ………………………………………………… 106
5.4　総合的聴取と分析的聴取 ………………………………………………… 107
　　5.4.1　総合的聴取と分析的聴取の区別 ……………………………… 107
　　5.4.2　聴覚フィルタ …………………………………………………… 107
　　5.4.3　部分音の分解性 ………………………………………………… 109
　　5.4.4　総合的聴取か分析的聴取か？ ………………………………… 112
　　5.4.5　聴取モードに及ぼす白色雑音の影響 ………………………… 114
　　5.4.6　純音の低調波ピッチ …………………………………………… 115
　　5.4.7　部分音のピッチシフト問題 …………………………………… 117
　　5.4.8　両極性周期的パルス列音のピッチ …………………………… 118
5.5　総合的聴取によるピッチ ………………………………………………… 120
　　5.5.1　複合音の多重ピッチ‒純音とのピッチマッチング‒ ………… 120
　　5.5.2　ピッチの支配領域 ……………………………………………… 122
　　5.5.3　基本周波数からのピッチシフト ……………………………… 123
　　5.5.4　音程判断における正答率 ……………………………………… 125
　　5.5.5　周波数成分間の位相効果 ……………………………………… 128
　　5.5.6　基本周波数の弁別閾 …………………………………………… 131
　　5.5.7　変調周波数の弁別閾 …………………………………………… 133
　　5.5.8　持続時間による周波数弁別閾の変化 ………………………… 133
　　5.5.9　ダイコティック聴取によるピッチ …………………………… 134
　　5.5.10　分解されない倍音群の弁別 …………………………………… 135
　　5.5.11　ピッチ知覚に及ぼす異なる周波数領域での
　　　　　　干渉効果 …………………………………………………… 135
5.6　雑音のピッチ知覚 ………………………………………………………… 136
　　5.6.1　雑音の断続と振幅変調の効果 ………………………………… 136
　　5.6.2　くし形フィルタを通した雑音のピッチ ……………………… 137
　　5.6.3　雑音による両耳ピッチ ………………………………………… 139

第 6 章　ピッチ知覚モデル

- 6.1　自己相関モデル ……………………………………………………… 142
- 6.2　パターン認識モデル ………………………………………………… 143
  - 6.2.1　Wightman のパターン変換モデル ………………………… 144
  - 6.2.2　Goldstein の最適処理理論 ………………………………… 145
  - 6.2.3　Terhardt の周波数分析と学習の理論 …………………… 146
  - 6.2.4　パターン認識モデルへの批判 ……………………………… 149
- 6.3　Moore のモデル ……………………………………………………… 149

第 7 章　西洋音楽におけるピッチ問題

- 7.1　音高と音程 …………………………………………………………… 151
- 7.2　基準ピッチ …………………………………………………………… 152
  - 7.2.1　歴史的変遷 …………………………………………………… 152
  - 7.2.2　演奏における基準ピッチ …………………………………… 154
- 7.3　音律とは何か ………………………………………………………… 155
  - 7.3.1　平均律 ………………………………………………………… 156
  - 7.3.2　ピタゴラス音律 ……………………………………………… 159
  - 7.3.3　純正律 ………………………………………………………… 162
  - 7.3.4　その他のおもな音律 ………………………………………… 165
  - 7.3.5　音程の数値化－セントの計算法 …………………………… 168
  - 7.3.6　ピアノの調律曲線と心理的評価 …………………………… 170
  - 7.3.7　音階演奏における音程の測定 ……………………………… 172
  - 7.3.8　音律の心理的評価 …………………………………………… 174
  - 7.3.9　平均律クラヴィーア曲集は平均律で演奏されたか？
    …………………………………………………………………… 176
- 7.4　絶対音感 ……………………………………………………………… 177
  - 7.4.1　絶対音感とは ………………………………………………… 177
  - 7.4.2　絶対音感と年齢 ……………………………………………… 177
  - 7.4.3　絶対音感に関する実験的研究 ……………………………… 178

7.4.4　絶対音感の問題点 ……………………………………… *179*
　　　7.4.5　移動ド唱法と固定ド唱法 ………………………………… *181*
　　　7.4.6　高齢化に伴う音高の変化 ………………………………… *182*

第8章　補遺と今後の課題

8.1　ピッチの定義の変遷 ……………………………………………… *184*
8.2　ピッチ知覚研究の今後の課題 …………………………………… *185*
　8.2.1　時間情報の多様性 ………………………………………… *185*
　8.2.2　周波数の高い純音および複合音の音楽的ピッチ ………… *186*
　8.2.3　上位ニューロンの神経インパルスの同期性の低下 ……… *186*
　8.2.4　最終的なピッチ判断 ……………………………………… *187*

引用・参考文献 ……………………………………………………… *188*

索　　　引 …………………………………………………………… *205*

第1章 音の物理的性質

1.1 音と音波

音とは，音波またはそれによって起こされる聴覚的感覚（音感覚ともいう）である。すなわち，音（tone, sound）という用語は，物理的な意味と感覚的な意味の両方に使用される。物理的な意味をより明確に表現する場合には，**音波**（sound wave）という用語を用いることもある。音波は空気あるいはその他の気体，液体，固体などの物質の中を伝わっていく振動である。空気中を伝わる音波は，おもに物体の振動によって生じる窒素や酸素などの気体分子の密度の疎密波である。なお，真空の空間中では媒質が存在しないので，音波は伝わらない。

1.2 音の時間波形

われわれが日常的に聴く自然界の音は，雨の音，川の流れる音，鳥や動物の鳴き声，風で木の葉が揺れる音，また人の話声，音楽の演奏音，交通騒音など多種多様である。しかもほとんどの音は感覚的にさまざまな音が入り混じり，時間的にも変化している。しかし，それらの音を分析すれば，さまざまな周波数のさまざまな位相をもつ正弦波の集合で表すことが可能である。

そこで，初めに気体分子の疎密の状態が正弦波状に変化している音波について述べる。このような波を**正弦波**（sinusoidal wave）と呼び，単一正弦波から

なる音を**純音**（pure tone）という。

　図1.1は，音圧が正弦波状に変化した場合の，空間上のある場所（例えば，聴き手の右耳の入口）での空気の中の気体分子の分布状態を示す模式図である。横方向は時間で，気体の密度の高い部分と低い部分が周期的に現れていることを模式的に示している。この図の疎密の差は，わかりやすくするためにきわめて大きくしているが，実際には大気圧を中心としたわずかの差（非常に強い音の場合でも数千分の1程度）である。図1.1においては，横軸は時間，縦軸は気圧を示す。横方向の破線は大気圧を示し，実線は**瞬時音圧**（instantaneous sound pressure）という。1秒間に繰り返される音圧の周期的変化の数を周波数（frequency）という。単位はHzである。図1.1の中で，圧縮状態（密）のピークから次のピークまでの時間を周期（period）という。1秒間の周期の数が周波数であるから，周波数 f と周期 T は逆数関係になる。すなわち

$$f \times T = 1 \tag{1.1}$$

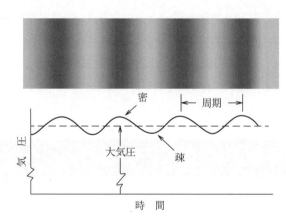

図1.1 純音による気体分子の疎密状態の時間的変化とその波形表示

　図1.1の曲線は瞬時音圧の時間的変化を示したものであるが，これを音の時間波形あるいは単に波形といい，後述のスペクトルとともに音の物理的性質を表現するために頻繁に使用する。

　音波が正弦波である場合，時刻 t における瞬時音圧 $P(t)$ は

$$P(t) = A\sin(2\pi ft + \theta) \tag{1.2}$$

として表される。ここで，A は音圧変化の**振幅**（amplitude），θ は**位相**（phase）である。この正弦波が音として知覚された場合，この音を周波数が f 〔Hz〕である**純音**という。あらゆる音の中で，感覚的には純音が最も濁りのない澄んだ音色をもつ。自然界には純音はほとんど存在しないが，ラジオの時報の音は純音である。

周波数が異なる複数の純音が混合した音が**複合音**（complex tone）である。複合音のうち，弦楽器や管楽器のように**音の高さ**（pitch）の明確な楽器音や音声中の母音はほぼ周期的波形をもち，これらを**楽音**（musical tone）と呼ぶ。

周期波形をもつ**複合音**の瞬時音圧は

$$p(t) = \sum_{n=1}^{m} A_n \sin(2n\pi ft + \theta_n) \tag{1.3}$$

と表される。ここで，m は倍音の最高次数である。このように周波数が f，$2f$，$3f$，…などの正弦波を合成した音を**調波複合音**（harmonic complex tone）あるいは**周期的複合音**（periodic complex tone）と呼ぶ。この場合，f を**基本周波数**（fundamental frequency）と呼び，この成分を基本波，周波数が $2f$，$3f$，…などの各成分を**高調波**（harmonic）という。また，基本波に対応する音を基音，第 n 高調波に対応する音を第 n 倍音という。**基音**と**倍音**のそれぞれを**部分音**（partial）ともいう。それぞれの部分音を**周波数成分**（frequency component）と呼ぶこともある。このような複合音は，音の高さが基本周波数に等しい周波数の純音とほぼ等しい。なお，式 (1.3) から容易に想像できるように，各倍音の位相 θ_n の値によって波形は変化する。

しかし，部分音の周波数が必ずしも倍音関係になっていない複合音もある。このような複合音は**非調波複合音**（inharmonic complex tone）あるいは**非周期的複合音**（nonperiodic complex tone）と呼ぶ。心理実験などで用いるため，非調波複合音はしばしばコンピュータなどにより合成される。

また，滝の音や雨の音のように音の高さが明確でない音も複合音ではあるが，理論的には連続的な無限個の周波数成分から合成されているとみなすこと

ができる．これらの音は**雑音**あるいは**ノイズ**（noise）と呼ばれ，基音や倍音は存在しない．なお，雑音には「必要とされない音」という意味もある．

英語でsoundもtoneも日本語では音と訳されるが，soundは一般的に音を表すのに対し，toneは一定の高さをもつ音（波形が周期的な音）を指すことが多い．

1.3　音のスペクトル

ある音について，どのような周波数成分がどのような強さの割合で含まれているのかを示した図を**スペクトル**（spectrum）という．横軸に周波数，縦軸に各周波数成分の振幅［式 (1.3) の A_n］を示した図を**振幅スペクトル**，また縦軸に各周波数成分の位相［式 (1.3) の θ_n］を示した図を**位相スペクトル**と

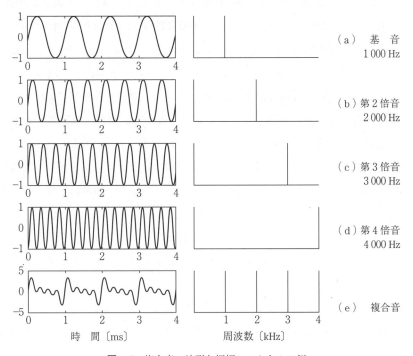

図 1.2　複合音の波形と振幅スペクトルの例

呼ぶ。式 (1.2) と式 (1.3) は，音波を音響波形として時間領域で表現したものであるが，スペクトルは周波数領域での表現である。時間領域での表現は周波数領域での表現に等価に置き換えられる。**図 1.2** は，基本周波数が 1 000 Hz の基音から第 4 倍音までの成分からなる複合音の，各成分とそれらを加算（合成）した複合音の波形と振幅スペクトルを対にして描いたものである。図 1.2（e）の複合音波形を見ると，周期が基音（1 000 Hz）と等しくなっていることが示されている。

1.4　音圧と音圧レベル

図 1.1 に示したように，瞬時音圧は時間とともに変化するが，瞬時音圧の 2 乗平均平方根つまり実効値（root mean square, RMS）が **音圧**（sound pressure）である。すなわち，瞬時音圧を $P(t)$，波形の周期を T とすれば，音圧 p は

$$p = \sqrt{\frac{1}{T}\int P^2(t)dt} \tag{1.4}$$

と表される。瞬時音圧の最大値を 1 とすれば，（実効）音圧の値は $1/\sqrt{2}$（= 0.707）となる。音圧の単位は Pa（パスカル）で，1 Pa は単位面積（= 1 m^2）当り 1 N（ニュートン）の力が加わったときの圧力である。なお，人の最小可聴音圧は 20 μPa（= 2×10^{-5} Pa），最大可聴音圧（強い不快感あるいは痛みを感じる）は 20 Pa である。大気圧は 1 013 hPa（= 1.013×10^5 Pa）であるから，最大可聴音圧でも大気圧の 0.02％の変動幅にすぎない。

最大可聴音圧と最小可聴音圧の比は 10^6 という大きな値になるので，そのままの数字で音圧を表現すると直感的にわかり難く不便である。そこで，問題にしている音圧 p と基準音圧 p_0 の音圧比の常用対数をとり，この値に 20 を掛けた値を **音圧レベル**（sound pressure level, SPL）と呼ぶ。すなわち，ある音の音圧レベル L_s は

$$L_s = 20\log_{10}\left(\frac{p}{p_0}\right) \quad [\text{dB}] \tag{1.5}$$

基準音圧 p_0 は，1 000 Hz の最小可聴値に近い 20 μPa と定められている。音圧レベルを用いると，最小可聴音圧が 0 dB，最大可聴音圧が 120 dB と圧縮され，さらに音の大きさの感覚量は物理量に対して大まかには対数的に変化するので，直感的にわかりやすい。

音圧レベルは単に 20 μPa という物理量を基準とした表示であるが，聴く人の最小可聴音圧を基準として，式 (1.5) に従って計算した音圧レベルを**感覚レベル**（sensation level, level above threshold）という。当然のことながら，感覚レベルは音の種類によっても異なり，聴く人によっても変化する。

式 (1.4) から，各倍音の位相 θ_n が異なれば波形は変化することがわかるが，θ_n すべてが等しい角度（例えば，すべて 0，SINE 位相）ならば実効値は同じであっても波形のピーク値（最大値）は異なる。波形のピーク値の実効値に対する比を**ピークファクター**（波高率）と呼ぶ。

第2章 聴覚系の構造と機能

2.1 聴覚系の構成

聴覚系は，聴覚器官，聴覚神経系および大脳の聴覚皮質に大別される。聴覚器官は，図2.1に示すように，外界からの音波を導き入れるための耳介と外耳道，空気振動である音波を鼓膜の振動に変換し，さらに三つの小骨の振動に変換して伝送する中耳，前庭窓の振動を電気信号に変換する蝸牛からなっている。

聴覚神経系は，内耳から発した聴神経からいくつかのシナプスを経て聴覚皮質に至るまでの神経経路である。図2.2に，蝸牛から蝸牛神経核，上オリーブ

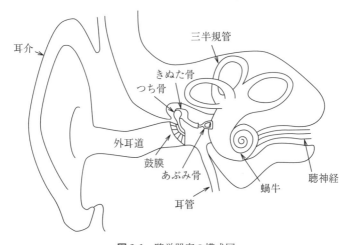

図2.1　聴覚器官の模式図

8   2. 聴覚系の構造と機能

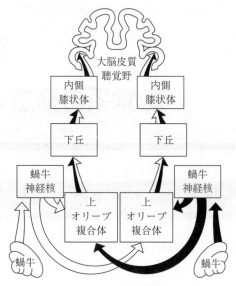

図 2.2 蝸牛から大脳皮質聴覚野までの求心性
神経経路を単純化した模式図

複合体，下丘，内側膝状体，大脳皮質聴覚野までの求心性（上行性）神経経路の主要部分のみを模式的に示す。白い矢印は右耳の，黒い矢印は左耳に入った音の情報を伝送している経路を示す。まず聴神経の出力は同側の蝸牛神経核に入る。蝸牛神経核は三つの部分核からなっている。神経核とは，ニューロン（neuron；神経細胞）の集まっている部分である。また，上オリーブ複合体，下丘，内側膝状体もそれぞれ三つ以上の核からなっている。蝸牛神経核からは同側だけでなく，反対側の上オリーブ複合体に入っている。第3次ニューロンである上オリーブ複合体においてはじめて，音の方向感などに必要な左右耳からの情報が出合うことになる。聴覚皮質は大脳の中で，主として聴覚を司る部分である。なおこの図には示していないが，聴覚皮質から発していくつかのシナプスを介して蝸牛に至る経路で，遠心性の経路も存在する。生理実験については多くの動物を使っているが，ここではヒトに近いであろうと思われる哺乳類の実験データについて述べる。

2.2 外　　　　耳

外耳（external ear）は耳介（pinna）と外耳道（external auditory canal）からなり，外界の音波を鼓膜（tympanic membrane, ear drum）まで導く役目をしている。

耳介は空気中を伝搬してきた音波を集め外耳道に導くが，音源の前後方向や上下方向の認知にも寄与している。

外耳道はほぼ直径 7 mm，長さ 25 mm，容積は 1 cm^3 で，近似的には片方が閉じている閉管とみなすことができる。閉管では，管の長さが音の波長（＝音速/周波数）の 1/4，3/4，5/4，…倍のときに共振（＝共鳴）する。したがって，外耳道の共振周波数 f_r は，管の長さを l，音速を c とすれば

$$f_r = \frac{nc}{4l} \quad (n=1,\ 3,\ 5,\ \cdots) \tag{2.1}$$

となる。$c=340$ m，$l=25\times 10^{-3}$ m，$n=1$ を代入すると，共振周波数 f_r は 3 400 Hz となる。その 3 倍，5 倍などの周波数も共振周波数となる。

ヒトの外耳道入口から鼓膜前面までの音圧増幅度の周波数特性の測定結果（Wiener and Ross, 1946；山口・壽司, 1956）によると，音圧は 3〜4 kHz の周波数範囲で 10 dB ほど増大している。この結果は，上記の計算結果によく対応している。

2.3 中　　　　耳

中耳（middle ear）は鼓膜とその奥の鼓室にある三つの耳小骨（ossicles），すなわち，つち骨（malleus），きぬた骨（incus），あぶみ骨（stapes）からなっており，鼓膜の振動を前庭窓（oval window；0.032 cm^2）に伝えている。前庭窓はリンパ液に接しているので，これを振動させるためには空気中の鼓膜を振動させるよりもはるかに強い力が必要になる。鼓膜の振動面の面積は約

0.55 cm^2，前庭窓の面積は約 0.032 cm^2 なので，約 17 倍（0.55/0.032）の強さの改善になっている。また，つち骨とあぶみ骨の長さの違いなども含めると，中耳全体ではほぼ 100 倍の強さの改善を行っている。つまりインピーダンス変換器の役目を果たしていると解釈することができる。また，鼓室は耳管という細い管で鼻の奥とつながっている。これは鼓室内の気圧を大気圧と等しくし，鼓膜を正常な位置に保ち，振動しやすくするために必要である。

ヒトの中耳の周波数特性，つまり外耳道の鼓膜直前における音圧を蝸牛の前庭窓にかかる音圧に変換する際の増幅度の周波数特性が Aibara ら（2001）によって測定されている。11 人の測定結果を平均した結果によれば，1.2 kHz で 23.5 dB の増幅度があり，それより周波数が高くても低くても増幅度は 1 オクターブにつきほぼ 6 dB の割合で低下している。

2.4 蝸　　　　牛

2.4.1 蝸牛の構造

内耳（inner ear）は三半規管（semicircular canal），前庭（vestibule）および蝸牛（cochlea）よりなるが，聴覚情報処理に最も関連の深いのは蝸牛である。

蝸牛は図 2.1 のように薄い骨でできた管がカタツムリのように 2 回と 3/4 回転だけ巻いた形をしており，先端のほうに行くほど細くなっている。**図 2.3** は，蝸牛を引き延ばした形として示した模式図である。蝸牛には，あぶみ骨から振動を受け取る前庭窓（または卵円窓；oval window）と圧力の抜け口である蝸牛窓（または正円窓；round window）がある。蝸牛頂（apex）には基底膜の上下階を連絡する小さな隙間（蝸牛孔；helicotrema）があいている。

蝸牛は，**図 2.4** の断面図に示すように，ライスナー膜（Reissner's membrane）と基底膜（basilar membrane）によって三つの階，すなわち前庭階（scala vestibuli），中央階（scala media），鼓室階（scala tympani）に分けられている。中央階は蝸牛管（cochlear duct）ともいう。前庭階と鼓室階はそれ

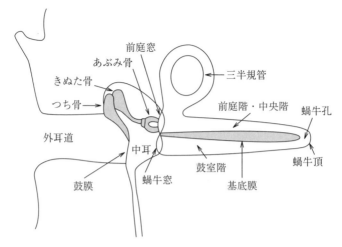

図 2.3　蝸牛を引き延ばして示した模式図

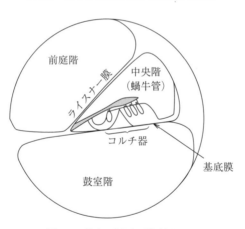

図 2.4　蝸牛の断面の模式図

それ外リンパ液（perilymph）で，中央階は内リンパ液（endolymph）で満たされている。外リンパ液と内リンパ液はイオン組成が異なり，外リンパ液の電位は 0 ～ +7 mV であるが，内リンパ液はカリウムイオン K^+ を豊富に含み，電位は +80 mV と高い。ライスナー膜は非常に薄いので，機械的な振動には影響を与えずに，内リンパ液と外リンパ液を分ける役目をしている。

2.4.2 基　底　膜

基底膜の長さは約 35 mm で，その幅は前庭窓に近い基底側では狭く，また硬くて共振周波数が高い。先端（蝸牛頂）に近づくほど幅は広くなり，また軟らかくなるので，共振周波数は低くなる。

Békésy（1947；1960）は，ヒトの死体を用いて基底膜の振動特性を測定した。彼はさまざまな周波数の正弦波であぶみ骨を振動させ，基底膜の振幅や位相特性を調べた。当然のことながら，のちに知られるようになった外有毛細胞の基底膜振動に及ぼす影響は含まれていない。

音波があぶみ骨を振動させ，前庭窓が振動し始めると，基底膜をはさんで圧力差が生じ，この圧力差は基底膜を振動させ，その振動は進行波（traveling wave）となって蝸牛頂側に伝わっていく。図 2.5 は，あぶみ骨を一定の振幅でさまざまな周波数の正弦波で振動させた場合の，あぶみ骨から 30 mm の場所での基底膜の振幅特性と位相特性を示している。横軸は正弦波の周波数，縦軸は振動の振幅あるいはあぶみ骨の振動に対する測定場所（30 mm の場所）での位相変化である。山型の曲線はさまざまな周波数に対する基底膜の振動の振幅を表しており，30 mm の場所ではほぼ 150 Hz の正弦波に対して最も振幅が大きくなっていることがわかる。一方，位相角は共振周波数を超えると急激に 3π まで変化する。逆に横軸にあぶみ骨からの距離をとり，いくつかの周波数に対する振幅と位相角を観測した結果を，図 2.6 に示す。高い周波数では，振幅包絡のピークはあぶみ骨側に寄り，周波数が低くなるとピークは蝸牛頂側

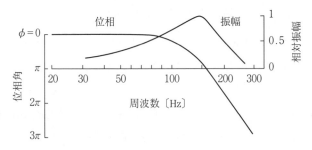

図 2.5　あぶみ骨から基底膜（あぶみ骨から 30 mm の場所）までの間の振幅および位相特性（Békésy, 1947）

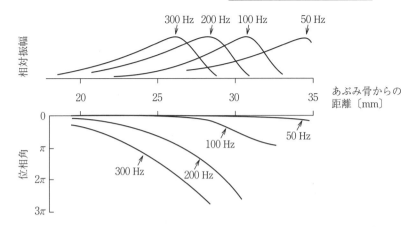

図 2.6 四つの正弦波刺激それぞれに対する基底膜振動の振幅包絡と位相角
（Békésy, 1947）

に移動する．この事実は，基底膜において音の周波数の情報が場所という情報に置き換えられていることを示している．なお，Békésy は，これらの独創的研究によって 1961 年にノーベル生理学・医学賞を受賞した．

その後，Johnstone ら（1970）がメスバウアー（Mössbauer）法という新しい方法で，モルモットの基底膜の振動を生きたままで測定することに成功した．彼はあぶみ骨から約 2 mm の場所における振幅周波数特性（共振曲線）を，音刺激周波数を変化させて測定した．その結果，共振周波数は 18 kHz で，高域のカットオフ特性は 95 dB/oct. と鋭く，低域は 12 dB/oct. で，もっと緩やかであった．一方，Békésy の観測では，高域特性が 20 dB/oct. で，低域特性が 6 dB/oct. なので，生きたモルモットからの観測値のほうがはるかに鋭い形をしていることが見いだされた．ただし，両実験における刺激音圧の違いや測定した基底膜の場所の違いなどがあるので，同じ条件での厳密な比較ではない．

ついで，Rhode（1971）は同じくメスバウアー法を用いて生きたままのリスザルの基底膜基部の振幅周波数特性を調べた．この実験における画期的に重要な発見は，基底膜が非線形特性を示すことである．**図 2.7** は，音圧レベルが 70 〜 90 dB の場合の，基底膜の変位をつち骨の変位で割った値である．音圧

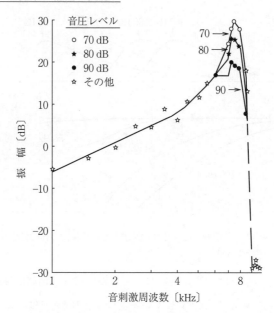

図 2.7 メスバウアー法による基底膜（リスザル）の
共振曲線（Rhode, 1971）

に及ぼす外耳や中耳の影響を除去するために，つち骨の変位も測定し，それを基準としている。音圧が低くなるほど共振曲線の鋭さは共振周波数（ほぼ 7 kHz）近くの 6〜9 kHz の範囲内では大きくなっており，明確に圧縮性の非線形特性を示している。ただし，その外側の周波数では線形特性を示した。

さらに，Ruggero ら（1997）は，生きているチンチラ（リスに似た小動物）を使い，レーザー分光法という新しい手法で実験を行い，基底膜の基底側から 3.5 mm の場所のさまざまな音圧レベルの純音刺激に対する反応を測定した。図 2.8 に，実験結果の 1 例を示す。横軸は刺激音の周波数，縦軸は単位音圧で基準化した振動速度（ゲイン）で，パラメータは刺激音の音圧レベルである。下方の太線はあぶみ骨のゲインを示す。音圧が低いときにはゲインが大きく，共振曲線が鋭くなり，音圧が上昇するに従って共振曲線の鋭さが減少しており，共振周波数の付近では，圧縮性の非線形特性が明確に見られる。このデータは，図 2.7 の Rhode（1971）による基底膜の非線形特性の結果を広い音圧レ

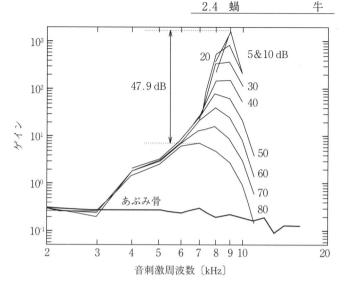

図 2.8 レーザー分光法による基底膜（チンチラ）の共振曲線
　　　（Ruggero, et al., 1997）

ベルの範囲（5〜80 dB）で確認したものといえよう．また，音圧レベルが5 dBと80 dBの場合のピークゲインの差は47.9 dBもある．さらにここで特記すべきことは，基底膜の最大振動の場所が音圧レベルによって変化することである．図2.8では，音圧レベルが5 dBのときは9 kHzの純音刺激の場合に最大振動であったが，80 dBでは7 kHzの刺激に対して最大の振動をすることが示されている．

　生きたままの哺乳動物を対象にした上記の測定結果は，Békésyの測定結果（図2.5）から予想されるよりもはるかに鋭い共振特性や非線形特性を示しており，このことは基底膜は単なる受動素子として振る舞うのではなく，蝸牛の中の能動的プロセスが影響を与えていることを示唆するものである．この能動プロセスには外有毛細胞が関わっており，これについては後述する．

　メスバウアー法やレーザー分光法は解剖学的な制約から基底膜の基部に近い一つの場所について観測するものであるが，それに対してBékésyのデータはいくつかの周波数に対して基底膜の振動パターンの場所による変化についても測定（図2.6）を行っており，現在でもきわめて貴重なものである．

基底膜の各場所は共振周波数が異なるので，それぞれの場所が音刺激に対して異なった振動をすることによって反応の時空間パターンを形成している．実際の基底膜反応の時空間パターンを生理学的に観測することは困難なので，ある複合音刺激に対する基底膜反応の時空間パターンを予測するためには，基底膜のモデルに音刺激を入力し，そのモデルの反応を見ることが必要になる．1例として，キャリア周波数が 2 000 Hz で変調周波数が 200 Hz の振幅変調音（AM音；amplitude-modulated tone）に対する基底膜振動の時空間パターンを基底膜の数学モデル（Flanagan, 1960）で計算した結果を，図 2.9 に示す．横軸は時間，縦軸は各共振周波数の場所の振動波形を示している．この振幅変調

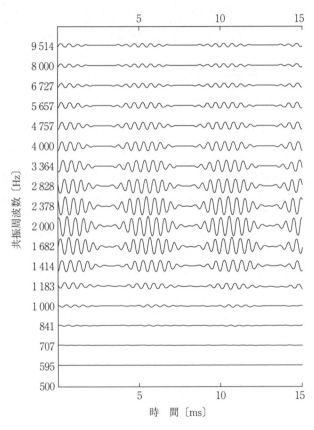

図 2.9　振幅変調音に対する Flanagan の基底膜モデルの振動波形

音は，1 800，2 000，2 200 Hz の3周波数成分からなっている。共振周波数が 2 000 Hz を中心としたある程度広い場所で，包絡線（周期）情報とキャリア情報を伝送していることがわかる。なお，この基底膜モデルは Békésy の観測結果に基づくものなので，かなり音圧が高い場合に対応するものである。音圧が低ければ，共振周波数付近の振幅が相対的にもっと大きくなるであろう。

2.4.3 有毛細胞

図 2.10 に示すように，基底膜，内有毛細胞，外有毛細胞，支持細胞，聴神経の神経端末などを含む部分をコルチ器（organ of Corti）という。また，コルチ器の上部には蓋膜（tectorial membrane）が蓋のように有毛細胞を覆っている。**内有毛細胞**（inner hair cell）は，基底膜の長軸方向へ1列に並んでおり，**外有毛細胞**（outer hair cell）は3列に並んでいる。これらを合わせて有毛細胞（hair cell）という。ヒトの場合，片耳で，内有毛細胞の数はほぼ3 500個，外有毛細胞の数はほぼ12 000個である。有毛細胞の頂部には不動毛（stereocilia）という硬い毛の列がある。内有毛細胞は1個につき約40～60本の不動毛をもち，不動毛は蓋膜には接していないが，外有毛細胞は1個につき約100～150本の不動毛をもち，不動毛の先端部は蓋膜に食い込んでいる。内有毛細胞の細胞内静止電位は約 -45 mV，外有毛細胞の細胞内静止電位は約 -70 mV である。

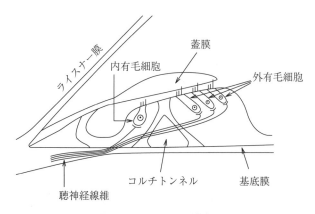

図 2.10　コルチ器の模式図

基底膜が振動し蓋膜の方向へ動いたときに，内有毛細胞の上部の不動毛はリンパ液の流れに従い，また外有毛細胞の不動毛は蓋膜に食い込んでいるので，両者とも不動毛の根元が曲がり，傾きが変わる。不動毛はそれぞれ長さが異なり，ほぼ3列で長さの順に並んでいるが，図2.10において基底膜が上方に振れたときに長い不動毛の方向に不動毛全体が傾き，不動毛の先端部付近にあるイオンチャネルが開き，中央階の中の陽イオン（K^+）が細胞内に流入し，細胞内電位を上昇（脱分極）させる。一方，基底膜が下方向へ振れて不動毛が短い方向へ傾くと，イオンチャネルが閉じる方向に変化し，細胞内電位は低下（過分極）する。

図 2.11 に，純音刺激（100〜5000 Hz）に対するモルモットの内有毛細胞の細胞内電位変動の観測例（Palmer and Russel, 1986）を示す。音波と同じ周波数の交流成分と直流成分が混合していることがわかる。低い周波数では交流成分が大きく，直流成分は小さい。また，周波数の上昇とともに交流成分は小さくなり，直流成分が大きくなっている。この理由は，周波数が高くなると不動毛の傾きの変化が基底膜の振動の速さに追随することが困難になり，それに従ってイオンチャネルの開閉が追いつかなくなるからである。このことを言い換えれば，有毛細胞の膜はキャパシタンス性（コンデンサのような容量性）の特性をもつので，高い周波数成分に対してはインピーダンスが小さくなり，高い周波数の交流分に対しては短絡的に働くのである，と表現することもできる。

音の情報は，主として内有毛細胞からシナプスを介してインパルス列の形で聴神経へ伝達される。外有毛細胞からもシナプスを介して聴神経に接続されているが，その機能はよくわかっていない。

さらに面白いことに，音刺激や電気刺激に対して外有毛細胞の長さは最大で4〜5%も短くなったり長くなったりする。しかも基底膜が上方向に振れたときに短くなるので，基底膜はさらに上方へ引っ張られてより大きく振れ，基底膜が下方向に振れたときには長くなり，さらに下方へ動くことになる。つまり，外有毛細胞は基底膜の振動を増幅する作用がある。この外有毛細胞の可動

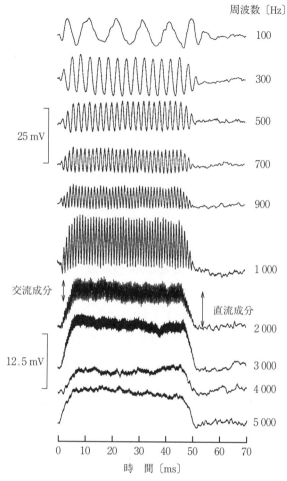

図 2.11 純音刺激（100 〜 5 000 Hz）に対する内有毛細胞（モルモット）の細胞内電位（Palmer and Russel, 1986）

性が，音刺激が小さいときの基底膜の振動を増幅する源となっていると考えられている（Ashmore, 1987）。

蝸牛は音波を電気信号に変換して聴神経に伝える働きをするが，逆に音を外耳道内に放射するという現象が知られている（Kemp, 1978）。この現象は**耳音響放射**（otoacoustic emission, OAE）と呼ばれ，外耳道に小型マイクロホンを

挿入してその波形を観測することができる。OAE は，外有毛細胞の伸縮により生じた基底膜の振動が逆に中耳から鼓膜に伝わり，外耳道に音が放射されることによって生じるのである。

2.5 聴　神　経

2.5.1　聴神経の構造と機能

聴神経（auditory nerve）の数は，ヒトの場合は片耳約 30 000 本と推定されているが，聴神経のほぼ 90 ～ 95％は双極細胞で，細胞体の入力側，出力側両方に線維が伸びており，これらは I 型細胞と呼ばれている。これらの細胞の入力側は枝分かれしていないので，それぞれ一つの内有毛細胞のみにシナプスを介して接続している。一方，内有毛細胞の数は約 3 500 個で，1 個の内有毛細胞はその下部で数本から約 20 本の聴神経にシナプス接続している。音のほとんどの情報は，内有毛細胞から聴神経を経て中枢に伝達されていると考えられている。残りの約 5 ～ 10％の細胞は II 型細胞と呼ばれている単極細胞で，6 ～ 100 個の外有毛細胞とシナプス接続している（Slepecky, 1996）。しかし，II 型細胞の働きについてはよくわかっておらず，以下の記述は I 型細胞に関するものである。

　有毛細胞は脱分極により，有毛細胞の下部から聴神経端末との間のシナプス間隙（synaptic cleft）に化学伝達物質を放出する。この化学伝達物質を受け取った聴神経の端末部分の細胞内電位が発火の閾値を超すと，電気的な神経インパルス（nerve impulse）を発生する。この場合，基底膜の振動が大きいほど，有毛細胞への陽イオンの流入量は大きくなり，化学伝達物質の放出も多くなり，聴神経の発生するインパルス数も多くなる傾向がある。神経インパルスの発生を放電（discharge）あるいは発火（firing）ともいう。

　生理実験によって聴神経線維の近傍に微小電極を挿入して，単一神経線維の音刺激に対する反応を記録することができる。**図 2.12** は，純音刺激に対する反応の例（Evans, 1989）で，きわめて短い持続時間（1 ms 以下）をもつイン

2.5 聴　神　経　　21

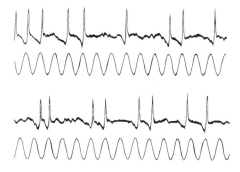

図 2.12　純音刺激に対する単一聴神経の発火
時間パターンの例（Evans, 1989）

パルスの列である。図は純音波形に対して神経インパルスが波形のピーク付近で発生している模様を示している。神経インパルスの発火が波形に対応しているのは，図 2.11 に示した内有毛細胞の細胞内電位の変動が波形に同期していることに対応している。ただし，聴神経の場合は，波形のピークすべてに対応して発火するのではなく，ピークに対して発火しないこともある。多くの聴神経は，音刺激が存在しないときにも，自発的にインパルスを発生している。これを**自発性放電**（spontaneous discharge）と呼ぶ。自発性放電の頻度は聴神経によって異なる。なお，神経インパルスをスパイク（spike）と呼ぶこともある。

2.5.2　静　的　特　性

〔1〕　**同調曲線と二音抑制**　　多くの生理実験によって，純音に対する耳から各部位の単一神経細胞までの周波数特性（通常は，発火閾値曲線で表される）が調べられている（Katsuki, et al., 1962；Sachs and Kiang, 1968；Arthur, et al., 1971）。概して低周波側の勾配がゆるやかな V 字形をしている。勾配の非対称性は，基底膜の振動パターンの非対称性が起源となっている。図 2.13 に，1 例としてネコを使った Arthur らの結果を示す。横軸は音刺激（純音）の周波数，縦軸は音圧レベルである。○印を接続した曲線を**同調曲線**（tuning curve），同調曲線で囲まれた領域を**応答野**（response area, excitatory area）

22   2. 聴覚系の構造と機能

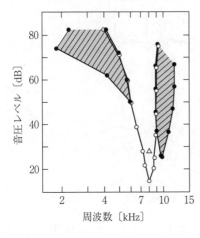

図 2.13 聴神経（ネコ）の応答野とプローブ音（△印）に対する抑制野（Arthur, 1971）

と呼ぶ。聴神経の最も**発火閾値**（threshold）の低い周波数（この図では 8 kHz）を**特徴周波数**（characteristic frequency, CF）あるいは**最良周波数**（best frequency, BF）という。この聴神経は，応答野の範囲にある純音に対して神経インパルスを発生する。聴神経によって閾値の高いものから低いものまでさまざまである。

応答野内の一つの純音（図 2.13 の△印；プローブ音という）を与えると，この聴神経は応答するが，新たに応答野の外側の音を第 2 音として与えると聴神経の応答は抑制されることがある。このように，第 1 音に対する応答を完全に抑制する第 2 音の範囲を**抑制野**（inhibitory area）という。一般に抑制野は，図 2.13 に●印を接続した斜線の範囲で示されるように，応答野の両側に応答野と一部分重複して存在することが観測されている。なお，聴神経のレベルでは神経線維相互間の抑制結合は存在しないので，抑制（inhibition）という用語を使わず抑圧（suppression）という場合もあるが，ここでは原論文通り抑制という表現にした。

〔2〕 **音圧レベルと発火インパルス数の関係の非線形特性**　概して聴神経の発火インパルス数は刺激の音圧が上昇すると増加するが，その関係は直線的ではない。さまざまな純音刺激についての実験結果（ネコ）によると，音刺激周波数と聴神経の特徴周波数（CF）の関係によって異なる傾向を示す（Sachs and Abbas, 1974)。音の周波数がちょうど CF に等しい場合には，発火数は音圧レベルが聴神経の発火閾値上 20～30 dB の間は急速に増加し，それ以上のレベルでは飽和するかあるいは 30～40 dB までゆっくりと増加する。CF より高い周波数の音に対しては，発火の閾値は高くなり，また周波数の上昇に従って発火数は全体的に減少する。CF より低い周波数の音に対しては閾値は高くなり，音圧レベルの上昇に対する発火数の増加の勾配は音刺激が CF の場合と近く，また飽和せずに一定の勾配である傾向が見られる。これらの結果は，ほぼ基底膜の振動パターン（Rhode, 1971）の非線形特性を反映して生じるという考え（Sachs and Abbas, 1974）と，それぞれのニューロンのチャネルの性質に基づくという考え（Palmer and Evans, 1980）がある。

〔3〕 **神経興奮パターン**　　先に示した図 2.6 は，Békésy の観測した単一純音に対する基底膜の振動の最大振幅の場所パターン（興奮パターン；excitation pattern）である。純音に対する聴神経の興奮パターンが測定できるならば，基底膜の場所パターンと類似の形になることが予想される。実際に，ネコの聴神経で**神経興奮パターン**（neural excitation pattern）が測定されている（Delgutte, 1990）。**図 2.14** は，さまざまな特徴周波数（CF）の聴神経の，1 kHz 純音で音圧レベルがそれぞれ 40 dB，60 dB，80 dB の音刺激（マスカー音）があるときとないときのさまざまな周波数の信号音に対する発火閾値の差（masked threshold）である。

この値は 1 kHz の音刺激が与えられたときの各特徴周波数（各場所に対応）の興奮の程度を表していると考えられるので，神経興奮パターンとみなすことができる。図 2.14 から，神経興奮パターンは音圧レベルが 40 dB のときはほぼ 400 Hz～2 kHz まで広がっているが，音圧レベルが 60 dB では 400 Hz～10 kHz までと高い周波数範囲にまで延び，80 dB では 200 Hz～20 kHz までとさらに広がっている。音圧が高くなるに従って，周波数が高いほうへより広がっている。一見して神経興奮パターンは基底膜の興奮パターン（図 2.6）とは左右が逆になった形であるが，これは周波数軸が逆だからであって，同じ傾向である。

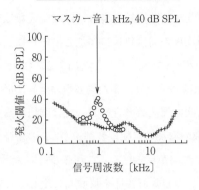
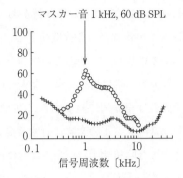
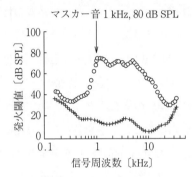

図 2.14　聴神経（ネコ）の神経興奮パターン（Delgutte, 1990）

2.5.3　動 的 特 性

〔1〕 **発火頻度の時間的変化**　音刺激の始まりに対しては聴神経の発火頻度は高いが，音の強さは一定であるにもかかわらず，すぐに発火頻度は低くなってくる。このような**順応特性**（adaptation）は程度の差はあるが，聴神経の一般的特性である。これに関する生理実験データとしては，**PST ヒストグラム**（post-stimulus-time histogram）が測定されている（例えば，Kiang, et al., 1965）。PST ヒストグラムとは，多数回の同一音刺激に対して，時間間隔を短く切った時間窓（bin という）ごとの神経インパルスの発火数を横軸に時間軸をとって記録したものである。図 2.15 に，一般的な PST ヒストグラムの模式図を示す。なお，図における音刺激区間前後の反応は自発性放電によるものである。音刺激が終わった直後には抑制がかかっていて，発火数が少なくなって

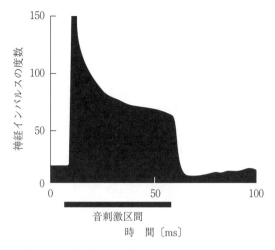

図 2.15　聴神経の代表的な PST ヒストグラムの例

いる。

聴神経の発火頻度は，音刺激に対して時間的に微分的な特性を示すことがわかる。

〔2〕 位 相 固 定　　純音ならば，ヒトはほぼ 20 kHz まで聴くことができるが，音楽の旋律に使用可能な音楽的ピッチを有する純音の周波数（複合音の場合は基本周波数）はほぼ 5 kHz 以下である。ピアノの最高音の基本周波数は理論値では 4 186 Hz である（7.3.1 項参照）。

このことに関連する生理的事実としては，**位相固定**（phase locking）という現象がある。聴神経は，接続している内有毛細胞の場所に対応する基底膜が蓋膜側に動いたときに発火する。すなわち，ある 1 本の聴神経を考えると，この聴神経は図 2.12 に示したように，純音波形のどのサイクルに対しても必ず発火するわけではないが，発火は概して波形のほぼ同じ位相の部分で生じている。実際に，神経インパルスが波形の位相とどのような関係で発生しているかを詳細に見てみよう。図 2.16（a），（b）は，周波数 1 000 Hz と 2 000 Hz の各純音刺激に対するリスザルの単一聴神経（CF＝1.1 kHz）の **ISI ヒストグラム**（interspike interval histogram）である（Rose, et al., 1968）。図において，横軸

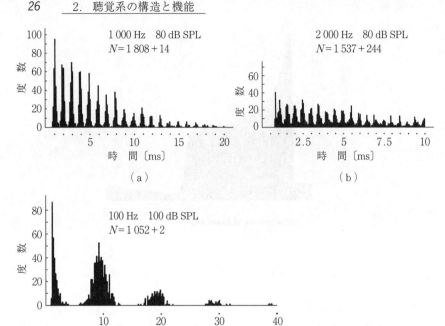

図2.16 聴神経（リスザル）の純音刺激に対するISIヒストグラム（Rose, et al., 1968）

は隣り合う神経インパルス間の時間間隔，横軸の下の黒い点は音刺激波形の周期とその整数倍に対応する時間である．縦軸は，神経インパルスの間隔を 0.1 ms ごとに区切って，その時間窓（bin）に入る度数を示している．図中の N の第1項はカウントされた全体の度数，第2項は隣り合う神経インパルス間隔が横軸の限度を超えたので，図中には表示されなかった度数である．また，図 2.16（c）は，100 Hz の純音刺激に対する聴神経（CF＝400 Hz）のISI ヒストグラムを示す．これらの図によれば，聴神経は波形の周期およびその整数倍の時間間隔で発火する傾向のあることが示されている．この現象を位相固定と呼ぶ．音刺激周波数が高くなると，有毛細胞の細胞内電位の変動の速さや聴神経の絶対不応期や相対不応期のために，位相固定は崩れてくる．

音刺激の周波数が異なる場合の位相固定の程度がどのように変化するかについても，生理実験で調べられている．図 2.17 は，純音刺激の1周期に対応す

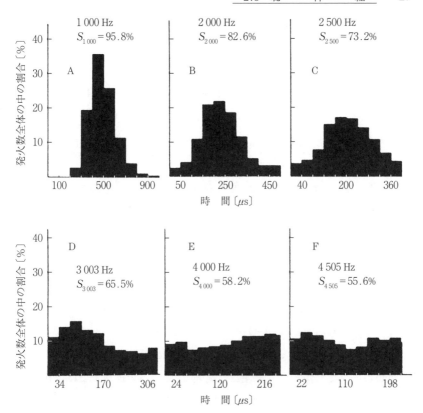
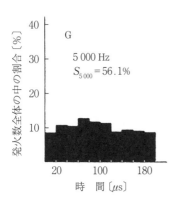

図 2.17 聴神経（リスザル）の純音刺激に対する周期ヒストグラムと同期係数 (Rose, et al., 1967)

るどの位相の点で聴神経が発火したかを示す単一聴神経の周期ヒストグラムである (Rose, et al., 1967)。音刺激は純音で，音圧レベルは 90 dB，持続時間は 10 s である。縦軸は神経インパルスの総数に対する各区間（bin）ごとのパーセンテージである。同期の程度を示す**同期係数** S は，音の 1 周期のうち最多の発火インパルス数を含む半周期のインパルス数を 1 周期全体のインパルス数で割った値の%表示である。S_{1000} は，1 000 Hz 純音に対する同期係数 S を示す。周波数が高くなるに従って位相固定は不明瞭になり，同期係数 S は低下し，図 2.17 に示すように，ほぼ 5 kHz 付近で 50% 近くまで低下している。つまり，位相固定の現象は，リスザルでは 5 kHz 付近の周波数以上ではほぼ消失する (Rose, et al., 1968)。

Johnson (1980) も，ネコを使って純音刺激に対する位相同期の実験を行っている。**図 2.18** に，その結果を示す。**同期指標** SI は，周期ヒストグラムをフーリエ変換し，基本周波数（周期の逆数）の成分が全成分中に占める割合で表現し，完全に同期すれば SI = 1.0 となり，完全にランダムになれば SI = 0 となる。図 2.18 によれば，5 kHz 付近以上で位相固定の現象がほぼ消失することがわかる。ただモルモットを使った実験では，3.5 kHz 以上では位相固定が消失する (Palmer and Russel, 1986) という結果が報告されており，動物によって多少の違いが見られる。

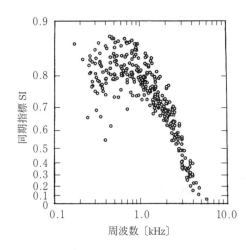

図 2.18 純音刺激周波数と聴神経（ネコ）の位相同期指標の関係 (Johnson, 1980)

〔3〕 1周期に対応する発火間隔の周期からのずれ　図2.16(a),(b)に示したISIヒストグラムの第1番目のピーク（波形の1周期に対応）となる時間に注目しよう。音刺激が1 000 Hzのときにはちょうど1周期に等しくなっているように見えるが，2 000 Hzのときには明らかに1周期よりも長くなっている。さらに，図2.16(c)に示した周波数が100 Hzのときのヒストグラムを見ると，1周期に対応するピークは明らかに1周期（= 10 ms）よりも短くなっている。なお，最初の2 ms付近の発火は，音刺激の始まりに対して聴神経が二つ以上の神経インパルスを短時間内（この図では，1〜2 ms）に放電したことを示す。そこで，波形の1周期をそれに対応するピークを生じる時間で割った値が音刺激の周波数によってどのように変わるかを生理実験データ（Rose, et al.,1967；1968）から計算した結果（Ohgushi, 1978；1983）を，図2.19に示す。この図はたった四つの聴神経からのデータであるが，周波数が上昇するに従って聴神経が音圧波形の隣接するピークに対して発火する場合の時間間隔は周期に比べて次第に遅れ，2.3 kHzを超えるとほとんど1周期に対応する発火は見られなくなることを示している。この生理学的事実は後で述べるように，複合音のピッチがその基本周波数に等しい純音からわずかにシフト

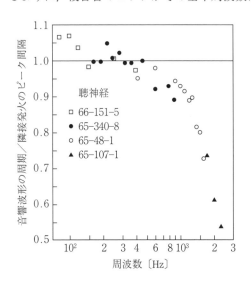

図2.19　1周期に対応する発火間隔の音響波形周期からのずれ（Ohgushi, 1978；1983）

するという現象（5.5.3項参照）やオクターブ伸長現象（3.5節参照）に深く関わっている。なお，図2.19の傾向は，のちにMcKinney and Delgutte（1999）によってネコを用いた生理実験で確認されている。

〔4〕 **複合音に対する発火の時間パターン** 周波数f_1の純音とf_2の純音（$1<f_2/f_1<2$）を同時に聴くと，二つの純音のほかに，周波数がf_2-f_1である差音，周波数が$2f_1-f_2$である結合音の聴こえることがある。差音や結合音が聴神経レベルで発生しているのかどうかを調べる実験（リスザル）として，二つの純音の同時刺激に対するISIヒストグラムが調べられている（Rose, et al., 1969）。$f_1=800$ Hz，$f_2=1\,200$ Hzで，f_1の音圧レベルは80 dB一定である。f_2の音圧レベルが70 dBおよび90 dBの場合のISIヒストグラムを，それぞれ図2.20（a），（b）に示す。横軸は連続して発火した神経インパルス間隔で，上の・印は800 Hzに対応する周期（=1.25 ms），下の・印は1 200 Hzに対応する周期（=0.833 ms）である。・印が縦に重なった時間（=2.5 ms）は差音・結合音（=400 Hz）に対応する周期である。図2.20（a）によれば，差音・結合音の周期およびその整数倍の時間間隔で発火する頻度が多くなっているが，音圧レベルの高いf_1に対して反応していることがわかる。また，図2.20（b）

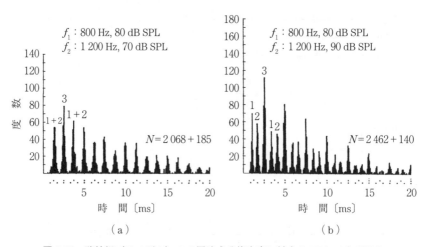

図2.20 聴神経（リスザル）の2周波成分複合音に対するISIヒストグラム（Rose, et al., 1969）

によれば，f_2の音圧レベルを 90 dB にすると，さらに f_2 に対する反応も生じてくるのがわかる．これらの神経インパルス間隔によって各部分音，差音・結合音が知覚されるようになると考えられる．

結合音の生理学的対応として，Goldstein and Kiang (1968) は，ネコを使って聴神経の2純音に対する応答を調べた．その中で，特徴周波数が 2.69 Hz のある聴神経は，5.50 kHz（$=f_2$）および 4.13 kHz（$=f_1$）のそれぞれの純音刺激に対しては応答野と離れているために応答しなかった．しかし，この二つの純音刺激を同時に与えると，その聴神経が応答した．応答の PST ヒストグラムを見ると，応答の周期は 0.36 ms となっている．二つの純音刺激の結合音 $2f_1-f_2$ に対応する周波数は，$2\times 4.13-5.50=2.76$ kHz と特徴周波数に近い．この周波数の周期は，$1/2.76=0.36$ ms である．すなわち，この応答は2純音の結合音によって生じたことがわかる．したがって，この結合音の発生部位は聴神経以前のレベルつまり蝸牛のレベルであることが推測できる．すでに述べたように，基底膜には非線形特性が観測されており，また内外有毛細胞による信号伝達においても線形特性とは考え難いので，蝸牛レベルで発生したと予測することができる．

〔5〕**変調伝達関数**　高い周波数の純音を低い周波数の純音で振幅変調した振幅変調音（AM 音）を聴くと，変調周波数に等しい純音にほぼ等しいピッチが知覚される．そこで，その現象に対応するような生理実験も行われている．キャリア周波数も変調周波数も低ければ（例えば，1 kHz 以下），CF がキャリア周波数付近の聴神経は波形のピークに対応して発火する．しかし，キャリア周波数が 5 kHz になると波形のピークには対応できず，変調周波数周期に対応して発火するようになる（Javel, 1980）．

図 2.21 は，ネコの聴神経（CF = 20.2 kHz）の AM 音（キャリア周波数＝CF，変調周波数＝100 Hz，変調度 $m=0\sim 0.99$）に対する繰り返し刺激に対応する累積応答を，横軸は時間，縦軸は累積スパイク数ヒストグラムとして，変調周波数の2周期（20 ms）分に対して示したものである（Joris and Yin, 1992）．また，各ヒストグラムの右側の図は各変調度に対する音刺激の半波整

2. 聴覚系の構造と機能

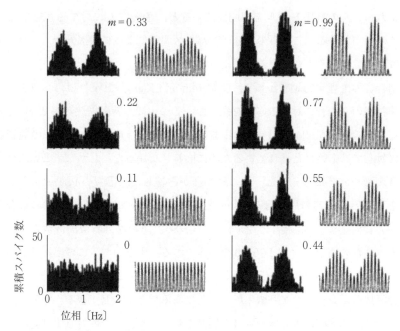

図 2.21 振幅変調音の変調度による聴神経（ネコ）の応答の変化 (Joris and Yin, 1992)

流波形（見やすくするためにキャリア周波数は低く描いている）を示したものである。この図によれば，変調度 m が大きくなるほど応答のヒストグラムの変化も大きくなり，また見かけ上音刺激の変化よりも応答の変化のほうが大きい。この変化の大きさを比較して数値化した値を**変調ゲイン**（modulation gain；dB）という。横軸に変調周波数，縦軸に同期発火の程度を示した特性を**変調伝達関数**（modulation transfer function, MTF）という。聴神経の MTF は低域ろ波（LPF）特性を示す。この特性のカットオフ周波数は各聴神経によって異なるが，だいたい 1.0 〜 2.0 kHz である。

〔6〕 **白色雑音に対する発火の時間パターン**　　白色雑音に対する聴神経の発火は完全にランダムになるわけではない。基底膜により周波数分析が行われているので，聴神経の特徴周波数の逆数に近い時間間隔（あるいはその整数倍）で発火する傾向がある。**図 2.22** に，特徴周波数が 1 167 Hz の聴神経（リ

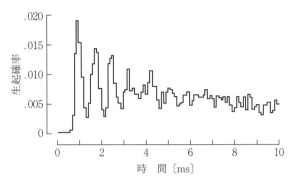

図 2.22 聴神経（リスザル）の白色雑音に対する
ISI ヒストグラム（Ruggero, 1973）

スザル）の ISI ヒストグラムの 1 例を示す（Ruggero, 1973）。

横軸は隣り合う神経インパルス間の時間間隔，縦軸は各 bin に対応する神経インパルス間時間間隔の生起確率である。この聴神経は，特徴周波数の逆数（= 0.857 ms）あるいはその整数倍の異なった時間間隔で発火していることがわかる。

2.6 蝸牛神経核から内側膝状体までにおける神経核の構造と応答特性

本節では，蝸牛神経核，上オリーブ複合体，下丘，内側膝状体についてなどの神経核の構造や音響刺激のニューロン（神経細胞；neuron）による符号化について簡単に述べ，その後に純音に対する発火の位相同期性と変調伝達関数について各神経核を比較しながら簡単に述べる。

2.6.1 蝸 牛 神 経 核

聴神経（第 1 次ニューロン）からシナプス結合によって信号を受け取っている**蝸牛神経核**（cochlear nucleus, CN）は，前腹側核（anteroventral cochlear nucleus, AVCN），後腹側核（posteroventral cochlear nucleus, PVCN）および背側核（dorsal cochlear nucleus, DCN）の三つの領域に別れており，領域によっ

て細胞の形状が異なり，音刺激に対する応答パターンも異なっている。

　前腹側核のニューロンの応答は聴神経の応答に近く，音圧が高くなるに従って発火率は単調に増加する。また，位相固定の現象は3 kHzを超す周波数まで見られる。一方，背側核のニューロンの応答はきわめて複雑な特性を示し，多くのニューロンは音圧と発火率の関係が単調増加ではない。同調曲線も広いものから狭いものまでがあり，マルチピークのものも見られる。位相固定は1.5 kHz以下である（Goldberg and Brownell, 1973）。後腹側核のニューロンはそれらの中間的な特性を示す。いずれの領域においても聴神経と同様に，ニューロンは特徴周波数（CF）の順序で並んでいる。このような配列構造は**周波数局在性**（tonotopic organization）と呼ぶ。また，CFの配列を示した図を**トノトピー地図**（tonotopic map）あるいは単に周波数地図（frequency map）などという。背側核においては，音の強さがある程度以上増加すると，単に飽和するだけでなく，かえって発火率が減少するようなニューロンも存在する。

　聴神経のレベルでの2音抑制現象は蝸牛の中でのなんらかの非線形特性によるものとされているが，蝸牛神経核以上のレベルでは抑制性シナプスの存在することが明らかにされており，蝸牛神経核レベル（特に背側核）においても2音抑制現象は観測される。また，背側核のニューロンは，純音の短いトーンバーストに対してさまざまな応答の動特性を示す。蝸牛神経核（ネコ）のニューロンはその動特性によって，つぎのように分類されている（Pfeiffer, 1966）。

① 1次神経型応答（primary-like）：聴神経によく似たPSTヒストグラムを示す。このタイプは，音刺激の初めに対する応答は強いが，応答は短時間のうちに弱くなってほぼ一定値になり，音刺激の持続している間だけ続く。このタイプのニューロンは前腹側核に多く見られる；

② オンセット型応答（on）：このタイプのニューロンは，音刺激の初めだけに応答し，その後は応答しない；

③ チョッパー型応答（chopper）：音刺激波形の周期とは無関係に，発火と休止を繰り返すニューロンをチョッパー型応答と呼ぶ；

④ 中休み型応答（pause）：音刺激の初めに対するオンセット型応答と抑制

区間，その後の応答の回復という複雑な応答をする。

ただし，音圧レベルや音の持続時間によって応答のパターンが変化することもある。ニューロンによって応答のタイプが変化するのは，聴神経からの遅延時間，各興奮性シナプスや抑制性シナプスの強さや時定数などが各ニューロンによって異なっているからであると考えられる。

2.6.2 上オリーブ複合体

音源が見えなくてもその方向がわかるのは，音の両耳間音圧レベル差（interaural level difference, ILD）と音の到着時間の両耳間時間差（interaural time difference, ITD）がその主要な要因であることが明らかにされているが，**上オリーブ複合体**（superior olivary complex, SOC）は方向定位に重要な役割を果たす部位である。ITDの意味としては，周波数があまり高くない場合の両耳間位相差（interaural phase difference, IPD）を含むことがある。

上オリーブ複合体は，図2.2に示したように，初めて左右両耳からの情報を受け取る場所である。上オリーブ複合体の中で求心性経路にある主要な神経核は，外側核（lateral superior olivary nucleus, LSO），内側核（medial superior olivary nucleus, MSO）および台形体内側核（medial nucleus of the trapezoid body, MNTB）である。上オリーブ複合体のニューロンの中には，両耳から興奮性（excitatory）信号を受け取るEEニューロン，同側耳から興奮性信号を受け取り反対側の耳から抑制性（inhibitory）信号を受け取るEIニューロンなどが見いだされている。

外側核（LSO）には，同側の前腹側核（AVCN）から興奮性の入力を受け，反対側の前腹側核（AVCN）から台形体内側核（MNTB）を経て抑制性の入力を受け取っているEIニューロンが多い。したがって，外側核（LSO）では，片方の耳からの興奮性入力と他方の耳からの抑制性入力の差分を検出することができ，両耳間音圧レベル差（ILD）を検知していると考えられる。また，特徴周波数の高いニューロンが多く，両耳間位相差は検出し難い。この核はネコの場合，S字状をしているが，ニューロンは特徴周波数の順に並んでおり，周

波数局在性を示している（Tsuchitani and Boudreau, 1966）。

内側核（MSO）は，両耳からの音刺激の情報を，外側核（LSO）の場合とは異なり左右の前腹側核（AVCN）から直接興奮性の入力を受け取るので，その多くは EE ニューロンである。一方，MSO のニューロンの中には，反対側の AVCN から発し MNTB を経た抑制性入力も受けており，EI ニューロンも存在する（Brand, et al., 2002）。MSO のニューロンからは，両耳から入った音刺激のわずかな時間差によって反応の強さが周期的に変化することが記録されている。その周期は音刺激（純音）の周期に等しい。最も強く反応する両耳間時間差を，そのニューロンの特徴遅延（characteristic delay）という。MSO における抑制性入力の存在が特徴遅延を説明するのに重要ではないかと考えられている（Brand, et al., 2002）。また MSO には，LSO とは逆に，特徴周波数の低いニューロンが多いので，両耳間位相差（IPD）の検知には都合がよい。

2.6.3 下　　　丘

下丘（inferior colliculus, IC）は中脳にあり，中心核（central nucleus of the inferior colliculus, ICC），背側核（dorsal nucleus of the inferior colliculus, ICD）および外側核（external nucleus of the inferior colliculus, ICX）からなっている。左右の下丘は求心神経経路内で連絡している。そのうち中心核（ICC）は最大で，中心核の多くのニューロンはほかの核のニューロンに比べて潜時（latency；音刺激から応答までの遅れ時間）が短く，蝸牛神経核や上オリーブ複合体などの下位のニューロンから直接に入力を受けていると考えられている（Liu, et al., 2006）。また，中心核（ICC）は求心神経系の主要経路であり，中心核（ICC）においては特徴周波数の近いニューロンが層を形成しており，低い特徴周波数をもつニューロン層は背側に，高い特徴周波数をもつニューロン層は腹側に配列されて，特徴周波数の順に多層構造になっている（Merzenich and Reid, 1974）。一方，刺激の音圧レベルが上昇したとき，発火インパルス数は定常的に増加あるいは飽和するニューロンもあるが，ある音圧レベルでピークとなり，さらに音圧を上昇させると発火数が減少するニューロンや，音圧レ

ベルの上昇に従って発火数のピークが複数現れるようなニューロンも存在する (Ehret and Merzenich, 1988)。

背側核（ICD）のニューロンの多くは，自発性放電はわずかか，あるいはまったくない。発火までの潜時は中心核のニューロンに比べてはるかに長く，またその変動も大きい。発火の時間パターンは持続的応答をするタイプや，音刺激の初めにのみ応答する ON 型，音刺激の終わりにのみ応答する OFF 型，あるいはその両方の性質をもつ ON-OFF 型などである。多くのニューロンは同調曲線が複雑で，特徴周波数と場所との対応はない。また音刺激に特有の順応があり，このことは音環境の中に新しい音刺激が発生したときに検知するような役目をしていることを示唆している（Lumani and Zhang, 2010）。

外側核（ICX）のニューロンは，一般的に中心核のニューロンに比べて同調曲線が広い。また，聴覚刺激だけでなく体性感覚刺激に対しても反応する (Aitkin, et al., 1978)。

2.6.4 内側膝状体

内側膝状体（medial geniculate body, MGB）は視床（thalamus）にあり，聴覚情報を下丘から聴覚皮質に伝送する主経路である。内側膝状体は，腹側核 (ventral division of the MGB, MGBv)，背側核（dorsal division of the MGB, MGBd）および内側核（medial division of the MGB, MGBm）の三つの部分に分けることができる。腹側核（NGBv）は，下丘中心核（ICC）からの投射を受け，鋭い周波数選択性をもち，周波数地図がある。また潜時が短く，発火の閾値が低い。同調曲線の鋭さ，純音に対する同期固定の強さ，抑制性介在ニューロンの密度などは，周波数地図の変化方向に直交する方向に沿って系統的に変化している。背側核（MGBd）においては，ニューロンは広い応答野をもち，純音に対する応答は弱く，複合音に対する応答のほうが強い。内側核（MGBm）のニューロンは複数の感覚の入力を受けており，広い応答野あるいは複数の応答野をもち，周波数地図はあまり明確ではない。聴覚皮質のコア，ベルト，パラベルト領域などの広いエリアに投射している。そして，皮質から視床への

フィードバックを受けている（Joris, et al., 2004）。

2.7　純音刺激に対する応答の位相固定

　純音刺激に対する聴神経の発火の同期性は周波数が高くなると低下してくるが，前述のようにほぼ5 kHzまでは残存する。蝸牛神経核以上になるとニューロンが複数のシナプスから入力を受け，それぞれの入力にわずかな時間ずれが生じることになるので，シナプス後電位（post-synaptic potential, PSP）の波形の鋭さが減少し（PSP波形の高周波成分が減衰し），位相固定が認められる純音刺激の最高周波数は減少してくる。最高周波数はネコの場合，蝸牛神経核で3 kHz，上オリーブ複合体で2～3 kHz，内側膝状体では1 kHz程度である（Rouiller, et al., 1979）。下丘では神経核によって大きな違いがあり，80～1 034 Hzの範囲であったが，最高周波数はモルモットの場合，中心核では1 kHz以上，背側核では700 Hz，外側核では320 Hzであった（Liu, et al., 2006）。

2.8　変調伝達関数（MTF）

　振幅変調音の**変調伝達関数**（MTF）は，横軸は変調周波数であるが，縦軸としてはニューロン発火の同期性の程度をとる場合もあり，1秒当りの発火数をとる場合がある。これらを区別する場合には，前者をtMTF（temporal MTF）といい，後者をrMTF（rate MTF）という。

　前述の聴神経と蝸牛神経核ニューロン（ネコ）のMTFの主要な違いは，つぎの三点である（Joris, et al., 2004；Rhode and Greenberg, 1994）。すなわち，

① 聴神経では低域ろ波（LPF）特性を示し，蝸牛神経核ではLPF特性よりも帯域ろ波（BPF）特性を示すニューロンが多くなる；

② 聴神経に比べると蝸牛神経核では広い範囲の音の強さに対して同期性が保たれる（ダイナミックレンジが広い）；

③　蝸牛神経核は背景雑音の影響がより小さい。

なお，MTF のピークを示す周波数を最適変調周波数（best modulation frequency, BMF）という。腹側蝸牛神経核（gerbil）の四つのタイプのニューロンの中で，変調ゲインが最も大きいのはオンセット型で，チョッパー型，中休み型，1次神経型と続き，階層的順序に従っている（Frisina, et al., 1990）。また蝸牛神経核（ネコ）では，多くの場合，BMF は 300～900 Hz の範囲にある（Rhode and Greenberg, 1994）。

上オリーブ複合体についてはあまり調べられていないが，オリーブ蝸牛束の遠心性ニューロン（モルモット）では帯域ろ波（BPF）特性をもち，BMF は 100 Hz 以下であったが，400 Hz 以下の AM 音によく同期して発火した（Gummer, et al., 1988）。

下丘においては，蝸牛神経核に比べると MTF の BPF 特性の帯域幅が狭くなっており，その傾向は tMTF よりも rMTF において顕著である（Joris, et al., 2004）。また，下丘（ネコ）では BMF が 10 Hz から 1 000 Hz くらいまでのニューロンの存在が報告されている（Langner and Schreiner, 1988）。さらに興味をひくのは，下丘の背側—腹側（dorsoventral）軸に沿ってニューロンの特徴周波数（CF）が変化しているが，その軸と直交して等 BMF 曲線が存在するという構造になっているという主張がある（Schreiner and Langner, 1988）。しかし，そのような BMF と CF の位置関係についてはほかの研究では確認されておらず，今後の課題となっている。中枢になるにつれて一般的に BMF は低くなり，内側膝状体および聴覚皮質では BMF は 8 Hz から 30 Hz 程度までの低い変調周波数には位相同期して反応するニューロンが見いだされている（Joris, et al., 2004）。

2.9　大脳皮質聴覚野

大脳皮質（cerebral cortex）とは，大脳の表面を覆っている灰白質の層でニュータンが集まっている部分である。大脳側頭葉にある聴覚皮質（auditory cortex）の構造や機能地図（functional map）は，同じ哺乳類であっても種によってずいぶん異なっている。例えば，Wang and Walker（2012）は，サル（macaque；アジア・北アフリカ産の旧世界サル），キヌザル（marmoset；中南米産の新世界サル），ネコ（cat），ケナガイタチ（ferret）の構造や機能地図を比較し，異なることを示している。本節では主として，サルおよびヒトのピッチ知覚特性および機能地図について述べる。

2.9.1 ヒトとサルのピッチ知覚特性

ヒトが調波複合音のピッチを知覚する場合の最も重要な現象は，ある調波複合音の基音およびいくつかの低次倍音を除去しても，そのピッチはもとの複合音のピッチと等しく知覚されること（いわゆる，missing fundamental 現象）である。この現象は，複合音の周期とニューロンの発火時間間隔の対応性から説明されている。

この現象はサルでも生じるのであろうか。Tomlinson and Schwarz（1988）は，アカゲザル（rhesus macaque）に，二つの複合音を聴き比べてピッチが同じならばボタンを押すように訓練した。実験には，基本周波数が 200～600 Hz の範囲の 5 成分複合音を用いた。実験の結果，第 4 および第 5 倍音のみからなる複合音でも，高い確率でもとの複合音のピッチと等しいと判断されていることが示された。この結果は，サルもヒトと同様に missing fundamental のピッチを知覚していることを示唆している。

Song ら（2016）は，複合音に対するキヌザルの基本周波数の弁別実験を行い，その安定性を確認した後に，基本周波数が 440 Hz の調波複合音のピッチに関する三つの実験を行い，つぎのような結果を得た。

① 基音および低次倍音成分からなる複合音 RES（分解される成分よりなる複合音；resolved harmonics）は高次倍音からなる複合音 UNRES（分解されない成分からなる複合音；unresolved harmonics）よりも基本周波数弁別閾が小さい（ピッチが明確）；

② RES の周波数成分をわずかにシフトすると弁別閾は大きくなった（ピッ

チがあいまいになった）；

③ RES および UNRES の位相をサイン位相からシュレーダー位相（5.5.6項参照）にすると，音響波形の時間包絡が平坦に近くなるが，シュレーダー位相のほうが弁別閾が大きくなった（ピッチがあいまいになった）。

これらの結果は，基本的な聴知覚現象であるピッチ知覚に関しては，サルもヒトの間には共通であることを示唆している。なお当然のことながら，言語の知覚については大きな差がある。

2.9.2 サルの聴覚皮質

大脳の基本的な構造は，ヒトとサルの間では共通の部分が多いと考えられている。図 2.23 は，サル（macaque）の大脳皮質の左側面の模式図で，図中の曲線は脳溝を示している（Hackett, et al., 1998）。側頭葉の**外側溝**（lateral sulcus, LS）と**上側頭溝**（superior temporal sulcus, STS）の間（溝の中も含む）が聴覚皮質の中心になる部分である。図中の影をつけた部分を**上側頭回**（superior temporal gyrus, STG）という。外側溝（LS）の内部に**横側頭回**（transverse temporal gyrus）があり，また横側頭回の前方向の一部を側頭極平面（planum polare, PP）といい，また後方の一部を側頭平面（planum temporale, PT）という。

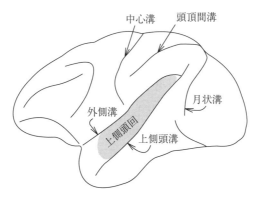

図 2.23 サルの大脳皮質の左側面の模式図（Hackett, et al., 1998）

図 2.24 は，外側溝の中を見えるような形に展開した（unfolded）場合の模式図である（Hackett, et al., 1998）。外側溝の中に，**コア領域**（core），**内側ベルト領域**（medial belt），**外側ベルト領域**（lateral belt）があり，上側頭回には**パラベルト領域**（parabelt）がある。

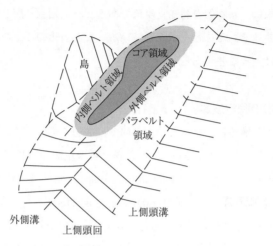

図 2.24 外側溝の中を見えるような形に展開した模式図（Hackett, et al., 1998）

図 2.25 に，これらの領域を細分化した**機能地図**（Wang and Walker, 2012）を示す。解剖学的な場所や方向を示す場合に，つぎのような表現が用いられている。

  V；ventral （腹側）— D；dorsal （背側）

  R；rostral （吻側）— C；caudal （尾側）

  M；medial （内側）— L；lateral （外側）

  S；superior （上側）— I；inferior （下側）

  A；anterior （前側）— P；posterior （後側）

なお，temporal という用語が出てくることがあるが，これはこめかみでという意味で，側頭部あるいは横方向を意味している。

機能地図の中心部はコア領域（core area）で，コア領域は**1次聴覚野**

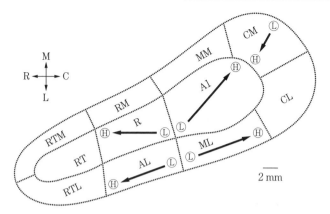

図 2.25 サルの聴覚野のコア領域とベルト領域の機能地図 (Wang and Walker, 2012)

(primary auditory cortex, A1), **R 野** (rostral field) および **RT 野** (rostrotemporal field) の三つの部分 (field) からなる. コア領域の各野のニューロンは内側膝状体 (腹側核) のニューロンから直接の入力を受けており, 皮質情報処理の第一段階を形成している. コア領域の中では A1 野のニューロンの潜時が最も短く, また各ニューロンの特徴周波数 (CF) の配列を示す周波数地図が最も明確である (Recanzone, et al., 2000). 図中でⒽは特徴周波数の高いニューロンを示し, Ⓛは低いニューロンを示す. このことは, A1 野が聴覚皮質の主要な入口であることを示している. 一方, RT 野のニューロンは音刺激に対する反応が弱く, A1 野や R 野と比べると周波数地図もあまり明確ではない. また, コア領域の各野は相互に連結し合っている. コア領域のまわりには, コア領域からの入力を受け, さらに聴覚の高度な情報処理を行うベルト領域がある. ベルト領域は, コア領域とは細胞構造によって区別される (Bendor and Wang, 2006). ベルト領域は外側 (lateral) と内側 (medial) に分かれ, 外側 (側頭方向) にはつぎのような四つの外側ベルト野 (lateral belt fields, LB) に属する AL 野 (anterolateral belt), ML 野 (mediolateral belt), CL 野 (caudolateral belt), RTL 野 (lateral rostrotemporal belt) がある. また頭の中心方向には, 四つの内側ベルト野 (medial belt fields) に属する RTM 野 (medial rostrotemporal belt），RM 野（rostromedial belt），MM 野（midmedial belt），CM 野（caudomedial belt）がある。

外側ベルト野のさらに側頭方向（上側頭回）にパラベルト領域があり，より高度な情報処理がなされていると考えられるが，機能についてはほとんど明らかにされていない。パラベルト領域は RPB 野（rostral parabelt）と CPB 野（caudal parabelt）の二つに分かれている。

図 2.25 において，各野内のニューロンは概してその特徴周波数の順序で並ぶ傾向が見られる。図に示したように，A1 野と R 野の周波数地図は鏡像のように対称的である。また，R 野と RT 野もかなり対称的であるが，RT 野においては周波数地図があまり明確ではない。

Petokov ら（2006）は，機能的磁気共鳴画像法（functional magnetic resonance imaging, fMRI）を用い，無麻酔および麻酔をしたサル（macaque）の周波数地図や純音と雑音に対する反応の違いなどから隣接領域の境界を調べ，Kaas and Hackett（2000）のコア領域およびベルト領域 11 野を確認した。周波数地図については，コア領域の A1 野，R 野では描くことができたが，ベルト的性格の強い RT 野では周波数地図は明瞭ではなかった。またベルト領域では，AL 野，ML 野，CL 野，CM 野のみは隣接のコア領域と平行の周波数地図を描くことができた。ベルト領域では純音に対する反応は弱いことが原因であろう。

2.9.3 ヒトの聴覚皮質

〔1〕 **機能地図**　Kaas and Hackett（2000）によって提示されたサルの機能地図がヒトの聴覚皮質にも当てはまるかをチェックする研究が Woods ら（2010）によって行われた。彼らは，ヒトに対して音刺激の周波数（225 Hz，900 Hz，3 600 Hz），音圧レベル（70 dB，90 dB），刺激耳（左，右，両耳），音の高低パターン，刺激モダリティ（聴覚，視覚，視聴覚），視覚（単語，顔の表情），注意（視覚，聴覚）などを組み合わせた刺激を与え，fMRI を用いて聴覚皮質の反応を調べた。その結果，鏡像的な周波数地図をもつコア領域とその周囲のベルト領域が確認された。各野は周波数地図，周波数選択性，強さに対

する感度，反対側感受性，両耳による感受性の増大，注意による変化，左右半球の非対称性などによって各領域が区別された．これらの結果から，Kaas and Hackett (2000) のモデルによって予測された結果と矛盾しないつぎのような三つの結果が得られた．

① コア領域は，音の音響的特徴（周波数，強さ，音の方向）に対してベルト領域よりも鋭い選択性を示した；
② 一方，ベルト領域のニューロンの反応は，注意 (attention) によって大きく影響 (attentional enhancement) された；
③ 隣接するコア領域とベルト領域の間よりも，コア領域あるいはベルト領域内の隣接野間の選択性のほうが差が小さかった．

これらの結果は，ヒトの聴覚皮質の機能的構成がサルに見られるパターンと類似していることを示唆している．

〔2〕 **コア領域の間の機能差**　ヒトのコア領域においても，RT野ではベルト的性格の活動が見られる．RT野の機能的性質は隣接するコアのR野とは周波数選択性，強さの選択性，半球対称性が異なっている．それに比べて，RT野と隣接する外側ベルト領域のAL野との間には機能的性質の有意差は見られない．さらに，AL野は隣接する外側ベルト領域のRTL野からは3種類の性質によって区別されている．一方，RTL野は隣接するパラベルト領域のRPB野と機能の有意差はなかった．これらのことは，RT野はコア領域よりも外側ベルト領域に割り当てたほうがよいのかもしれない．一方，RTL野はベルト領域よりもパラベルト領域に割り当てたほうが適切かもしれない．

〔3〕 **ベルト領域間の機能差**　外側ベルト領域は，内側ベルト領域に比べてわずかに周波数選択性が良く，右半球の相対活動振幅は増加している．また注意に対してより大きな効果を示す傾向がある．外側ベルト領域の間にも機能的な違いはいくつか見られる．周波数選択性は，CL野，RTL野よりもAL野やML野が良い．また逆説的な強さの感受性，つまり弱い音で大きな活動がRTL野で見られる．これはほかの外側ベルト領域から区別される．対照的に，内側ベルト領域は各野の間では活動の振幅が小さく，機能差も有意差がない．

〔4〕 **ヒトとサルの場合の特徴的な違い**　機能的に定義されたヒトの聴覚皮質は，パラベルト領域を除いて，サルのほぼ10倍に広がっている。特にベルト領域は，サルの場合に比べヒトの場合は，聴覚皮質のより大きなパーセンテージを占めている（Woods, et al., 2010）。

2.9.4　聴覚皮質ニューロンの特性

音の物理的特徴は，時間領域と周波数領域の両面から把握することができる。自然界における環境音の中では，雑音と調波複合音が二つの主要な柱といえるであろう。それらの物理的特徴に時間的な変化をつけたさまざまな音が入り混じって自然音を形成している。自然音の物理的特徴から三つの要素を抜き出して，それらに対する聴覚皮質のニューロンの反応について述べる。

〔1〕 **雑　　音**　概してコア領域のニューロンはベルト領域のニューロンに比べて，主として音刺激の物理量自体の分析を行い，前項で述べたように純音にも応答し，特にA1野やR野では周波数地図も明確である。

一方，ベルト領域のニューロンはコア領域のニューロンよりも概して純音刺激に対する応答は不活発であるが，隣接するコア領域と並行した周波数地図がある。また，外側ベルト領域（lateral belt）のニューロンは純音に対するよりも狭帯域雑音に対してよく反応する。特徴周波数が f であるサルの大脳皮質聴覚野の各ニューロンは，狭帯域雑音の中心周波数が f に近いときに応答するが，この周波数を最良中心周波数（best center frequency, BCF）と呼ぶ。

ここで興味のあることは，各ニューロンは，狭帯域雑音に対して最もよく応答する特定の周波数帯域幅をもつことである。その帯域幅を最良周波数帯域幅（best bandwidth, BB）という。BCFはほぼ頭の前後軸（rostrocaudal axis）に沿って変化し，BBは中心から横方向への軸（mediolateral axis）に沿って変化する。

またサルの鳴き声に対しては，多くのニューロンがほかの刺激に対してよりも強く反応した。これらの研究は皮質情報処理の階層性を示している（Rauschecker, et al., 1995；Rauschecker, 1998）。

2.9 大脳皮質聴覚野

〔2〕 **周波数変調音** サルの鳴き声を周波数分析すると，周波数成分が時間的に周波数変化（FM）している部分がある。そこで，外側ベルト領域のAL野，ML野，CL野のニューロンのFM音に対する反応を調べたところ，各野のニューロンは周波数変化方向（上昇あるいは下降）や周波数変化の速さに対して選択的に反応するニューロンが見いだされた。特にAL野のニューロンはコミュニケーション音に使うゆるやかな周波数変化によく反応し，CL野のニューロンは速い変化によく反応し，またML野のニューロンは広い範囲の周波数変化速度に反応した（Tian and Rauschecker, 2004）。

〔3〕 **振幅変調音** Langnerら（2009）は，高解像度の脳機能マッピングが可能な内因性光計測法（optical recording of intrinsic signals）を用いて，ネコの聴覚皮質のA1野における純音，調波複合音，AM音に対するさまざまな場所での反応の大きさを調べた。その結果によれば，周波数地図は尾側（caudal）から頭側（rostral）に向かって周波数が高くなるように構成されていた。一方，振幅変調音（AM音）のBMF（最適変調周波数）は背側（dorsal）から腹側（ventral）に向かって高くなる方向に構成されていた。すなわち，複合音のピッチを決定する周期情報と周波数成分の存在によるスペクトル情報が直交していた。しかし，サルやヒトのA1野ではBMFの地図的な組織（topographic oraganization）は見つからなかった（Schwarz and Tomlinson, 1990；Fishman, 1998）。

また，Herdenerら（2013）は，ヒトのAM音に対するfMRIによる**ヘシュル回**（Heschl's gyrus, HG；コア領域に対応）付近の反応を調べたところ，ヘシュル回外側部では低い変調周波数（2 Hz，4 Hz）に対してより強く反応し，またヘシュル回内側部では高い変調周波数（16 Hz，32 Hz）に強く反応した。この場所関係は，周波数地図とのおおよその直交関係を示している（Herdener, et al., 2013）。ただし，変調周波数は狭い範囲に限定されている。

さらに，Baumannら（2015）は，広帯域雑音を0.5〜512 Hzの範囲の六つの変調周波数で振幅変調したAM音を刺激とし，fMRIを用いて無麻酔サル（macaque）の聴覚皮質の反応を調べた。その結果によれば，高い変調周波数

に対しては両半球の聴覚皮質の内側部，低い変調周波数に対しては外側部に対して強い反応を示した。等変調周波数帯域は両半球にまたがった同心円を描き，周波数地図とは直交していることを示した。

〔4〕 **聴覚皮質における情報処理の二つの経路** Rauschecker and Tian (2000) は，サルのさまざまな鳴き声を水平面のさまざまな方向のスピーカーから音刺激として提示し，サルの三つのベルトエリアの 170 のニューロンの反応を調べた。その結果，AL 野のニューロンはサルの鳴き声に対して選択性を示し，CL ニューロンは空間的な方向の選択性を示した。彼らは，霊長類の聴覚皮質システムは少なくとも二つの経路に分割でき，音源の内容（what）は外側ベルト領域の前部で処理され，また音源の方向（where）は外側ベルト領域の後部で処理されるという考えを提示している。ただし，ヒトの場合は言語野であるウェルニッケ野（Wernicke's area）は上側頭回の後部（側頭平面と一部重複）にあることが知られており，上述のサルの状況とは異なっている。この点については今後議論が必要であろう。

2.9.5　ピッチセンター

聴覚皮質内に複合音のピッチ知覚に特殊化したニューロン集団の存在する領域が仮にあると考え，これを**ピッチセンター**（pitch center, pitch-processing center あるいは pitch-sensitive region）などと呼んでいる（Bendor and Wang, 2006；Griffiths and Hall, 2012；Bendor, 2012；Norman-Haignere, et al., 2013）。

〔1〕 **ピッチセンターの領域**　Zatorre（1988）は，ヒトの一側性側頭葉切除患者 64 人と正常者 18 人に複合音と基本周波数成分を除去した音（missing fundamental）のピッチを比較させた結果，右半球のヘシュル回を切除した患者だけが正常者よりも有意にエラーが大きいことを見いだした。このことは，右半球大脳皮質のヘシュル回とその周辺部が複合音のピッチ知覚に重要な役割を果たしていることを示している。

Schwarz and Tomlinson（1990）は，微小電極法によって無麻酔サル（rhesus monkey）の A1 野ニューロンの調波複合音と純音に対する単一ニューロンの

反応を調べた。CFが基本周波数に近い場合（応答野の中に純音が入っている場合）には，ニューロンは純音にも調波複合音にも反応したが，基本周波数を除去した複合音に対してはニューロンは反応しなかった。このことは，そのニューロンはピッチに対して反応しているというよりも，応答野内の周波数成分に対して反応していることを示している。彼らはこの結果から，ピッチはA1野の中のニューロンすべてにわたって潜在的に表現されているか，あるいはA1野の周りのどこかに明確な形で表現されているのではないかと考えた。

Pattersonら（2002）は，広帯域雑音（ピッチをもたない）と，スペクトルがこの広帯域雑音と同じである**反復リプル雑音**（IRN；ピッチをもつ）を用いて，広帯域雑音，固定ピッチ音，およびピッチを変化させて作成した旋律をヒトにそれぞれ与え，fMRIで観察した。その結果，ヘシュル回（HG）と側頭平面（PT）では，いずれの音に対するニューロン活動も見られた。またこれらの領域内で，反復リプル雑音と広帯域雑音に対するニューロンの活動性を比較したところ，ヘシュル回外側部（lateral HG）の半分の領域のみで，ピッチをもつ雑音に対する活動性のほうが高かった。さらに，旋律刺激の場合には，ニューロン活動はHGとPTより前方の領域，特に上側頭回（STG）と側頭極平面（PP）のニューロンが活動した。このことは，旋律音が進行すると，ニューロン活動の中心はA1野から前側方向に離れる方向に移動し，ピッチ処理には階層性が存在するという考えを支持するものである。

Penagosら（2004）は，基本周波数が低（80〜95 Hz）と高（240〜285 Hz）の2種類，帯域通過フィルタの周波数帯域が低（300〜1 000 Hz）と高（1 200〜2 000 Hz）の2種類を組み合わせた複合音を合成し，ピッチの明確さ（pitch salience）の異なる4種の調波複合音に対するヒトの神経活動をfMRIで観測した。その結果，ヘシュル回前側部の狭い領域で，ピッチが明確な場合には神経活動が大きく，ピッチの明確さが小さい場合には神経活動の小さい領域を見いだした。

〔2〕 **ピッチ選択ニューロン**　ヒトは，スペクトルが異なっても基本周波数が同じならば同じピッチに知覚し，また基本周波数や低次の倍音を除去して

も同じピッチ（missing fundamental）に知覚する。この性質は，前述のようにサルにおいても同様である。それでは missing fundamental に反応し，かつその基本周波数に対応する純音に反応するニューロンが存在するであろうか。前項で述べたように，Schwarz and Tomlinson（1990）は，そのようなニューロンは A1 野には存在しないと述べている。Bendor and Wang（2005）は，微小電極法を用いてキヌザルの聴覚皮質にそのようなニューロンが存在することを発見し，**ピッチ選択ニューロン**（pitch-selective neuron）と名づけた。そのニューロンの存在する領域は A1 野の低周波領域に隣接した前側部で，ヒトでいえばヘシュル回外側部に対応し，A1 野とは区別される。ピッチ選択ニューロンは単に基本周波数の音響エネルギーに反応するのではなく，刺激の周期性に反応している。ただしこの領域には，基本周波数に対応する純音には応答しないニューロンも混在しているので，この領域を直ちにピッチセンターと呼ぶわけにはいかないであろう。

〔3〕 **IRN 使用の問題点**　ピッチセンターの測定には，Patterson ら（2002）をはじめとして多くの場合に IRN 刺激を用いている。ここでの IRN 使用について，問題点のある可能性が Barker ら（2012）によって指摘された。それは，音刺激の時間周波数パターンを観察すると，広帯域雑音には含まれていないが，IRN にはゆっくりしたスペクトル変動成分が含まれている。そこで，IRN からゆっくりした変動成分は残し，さらに時間微細構造を取り去る処理を行い，ピッチをもたない雑音にしたものを IRN_0 と名づけた。16 人に対する IRN と IRN_0 に対する fMRI の反応結果には有意差がなかった。このことは，IRN 刺激を用いた fMRI 反応はピッチに対してではなく，IRN 刺激に含まれるゆっくりしたスペクトル変動成分に対する反応であった可能性がある。

現段階では，ピッチセンターがヘシュル回外側部に存在するかどうかについてはまだ実験を積み重ね，議論をする必要があると思われる（Bendor, 2012）。

第3章 ピッチとは何か

3.1 ピッチの定義

　音には三つの主要な心理的属性があり，それぞれ音の大きさ（loudness），音の高さ（pitch），音色（timbre；ねいろ）と呼ばれている．本書では，音の主要三属性のうち音の高さ（＝ピッチ）の知覚に関して，これまで行われてきたさまざまな研究結果を概説する．「**ピッチ**」は「**音の高さ**」と同じ意味で，日本工業規格 JIS（2000）の中に音響用語として，「聴覚にかかわる音の属性の一つで，低から高に至る尺度上に配列される．」と定義されており，音響学の世界でも受け入れられている．またこれらの規定は，アメリカ国家規格 ANSI（American National Standard；ANSI S1.1-1994）およびアメリカ音響学会の音響用語の規定（ASA 111-1994）の pitch の定義と内容的に一致している．「ピッチ」はまた「**音高**」と呼ばれることもある．また，しばしば「**音程**」（musical interval）が「ピッチ」と混同して使用される場合があるが，音程とは二つの音のピッチ間の間隔を指すので間違わないようにしなければならない．備考として，「複合音の音の高さは，主として刺激の周波数成分に依存するが，音圧，波形にも関係する．」「音の高さは，人がその音と同じ高さであると判断した純音の周波数で表すことがある．純音の音圧レベルは，別途指定する．」と定められている．

　さらに JIS には，ピッチの単位の**メル**（mel）について，「音の高さの単位．正面から提示された，周波数 1 000 Hz，音圧レベル 40 dB の純音の高さを

1000メルとする。」と定義されている。備考として，「被験者が1000メルのn倍の高さと判断する音の高さが$n×1000$メルである。」と定められている。「メル」という呼称は，ピッチが旋律（melody）を構成する要素であることから，melodyという単語から採られたものである（Stevens, et al., 1937）。「メル」についてはさまざまな問題があり，それについては3.7節で詳述する。

3.2 ピッチの構造

3.2.1 ピッチのらせん構造モデル

前節で述べたように，音のピッチは一般には低から高への尺度上に配列される1次元的性質をもち，メルというピッチの単位が採用されている。しかし古くから，ピッチは単に1次元的な性質だけでは説明できないことが指摘されており，ピッチのらせん構造モデル（3次元モデル）がいくつか提案されている（例えば，Ruckmick, 1929；Bachem, 1948；Shepard, 1982a, b；Deutsch, et al., 2008）。図3.1（Deutsch, et al., 2008）に，その1例を示す。この図は，基本周波数が高くなるに従って矢印の曲線に示すようにピッチがらせん状に上昇していく様子を示している。つまり，ピッチは垂直方向の性質と1オクターブ周期の循環的な性質の両者を併せもっている。前者を**トーンハイト**（tone height）

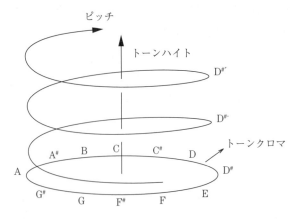

図3.1 ピッチのらせん構造モデル（Deutsch, et al., 2008）

と呼び，後者を**トーンクロマ**（tone chroma）と呼ぶ（Bachem, 1948）。また現在では，トーンハイトを**ピッチハイト**（pitch height），トーンクロマを**ピッチクラス**（pitch class）と呼ぶこともある（ANSI/ASA S1.1-2013）。

図下部の円は**クロマ円**（chroma circle）という。このモデルはおおよそ30〜5000 Hzの基本周波数範囲で成立するが，その周波数を超えるとトーンクロマの感覚が希薄になり，それらの音どうしでは旋律を構成することが困難になる。つまり，音楽的な意味でのピッチはほとんど消失する。そこで，トーンハイトとトーンクロマを合わせて（ときにはトーンクロマ単独で）**音楽的ピッチ**（musical pitch）あるいは**旋律的ピッチ**（melodic pitch）と呼ばれることもある。また日本では，トーンハイトは**音色的ピッチ**と呼ばれたり，あるいは音色の要素とみなされることもある（3.6節参照）。なお，基本周波数が2^n倍（n：整数）だけ異なる楽音どうしは同一のトーンクロマに属し，音楽的には同じ音名（C, D, Eなど）で呼ばれている。

もう少し詳しいらせん構造のモデルとして，「音の法輪」を図3.2に示す（矢田部, 1962）。図において，縦方向は周波数に対応している。図の右側にはだいたいの周波数を，左側には対応する母音を示している。古くから，笛のような高い音は「ピー」と表現され，お寺の鐘のように低い音は「ゴーン」，ブザーのような低い音は「ブー」などと，高い音に対しては母音「イ」を，低い音に対しては母音「オ」や「ウ」を対応させてきた。このような対応性は母音性

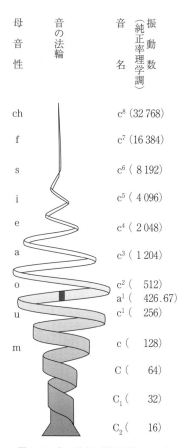

図3.2 音の法輪（矢田部, 1962）

と呼ばれている（和田，1950）。このモデルは，周波数が低い場合には音色が太く感じられ，周波数が高くなると細く感じられることも表現している。ピッチの弁別能力を回転半径に対応させている。なお，図中の音名表記や周波数値は現在のものとは異なっているが，原著のとおりにしている。また非常に複雑になるが，完全5度（周波数比2：3）の類似性を示す5度円（circle of fifths）も取り入れた5次元の二重らせん構造モデルがShepard（1982a, b）によって提案されている。

3.2.2 ピッチと音色

〔1〕「高い」の意味　　定義によれば，ピッチは「低から高に至る尺度上に配列される」と単純に1次元的に表現されているが，ピッチは常に1次元的に表現できるわけではない。具体的な例をあげると，われわれはピアノのピッチ（例えば，中央C音のピッチ；基本周波数=261.6 Hz）に合わせて，日本語の5母音を同じ高さで発声することができる。しかし，5母音のうち，例えば／イ／と／オ／のどちらがより高いかの判断を強制的に求められると，／イ／のほうが高いと判断する人がほとんどであろう。実際に多数の大学生にこれらの母音をすべて二つずつ組み合わせ，どちらの音が高いかを実際の母音を聴かせずに経験から判断してもらったところ，より高いと判断された回数の順序は／イ／，／エ／，／ア／，／オ／，／ウ／となり，／イ／がより高いと判断された度数が最も多かった。ただ，／オ／と／ウ／の度数はほとんど同じであった。これらのことは，同じピッチクラスに属していても，異なる母音間にはトーンハイトの違いにより高いという感覚に違いがあることを示している。基本周波数が等しい場合の各母音の高さの感覚は，それらの周波数スペクトルに大きく影響されていると考えられる。男声母音のスペクトル重心は，ほぼ上記の母音の順（／イ／が最も高い）に対応している（Takada, et al., 2006）。ただスペクトル情報としては，重心だけではなく，第1および第2フォルマント周波数に着目している可能性も考えられる。

〔2〕　複合音の類似性地図　　ピッチは上述のようにトーンハイトとトーン

クロマに分析できるが,トーンハイトは音色の要素と考えることもできる。Plomp and Steeneken (1971) は,周期的パルス列音を1/3オクターブバンドの帯域通過フィルタに通した複合音について知覚的類似性の実験を行い,その結果を多次元尺度法で分析した。実験に用いた複合音は,基本周波数が200 Hz, 250 Hz, 320 Hz の3種類,帯域通過フィルタの中心周波数は2 kHz, 2.5 kHz, 3.2 kHz の3種類で,それらを組み合わせた9種類の複合音と,基本周波数,中心周波数ともに2倍にした9種の複合音であった。これらの類似性判断の9人の類似性データを合計して類似性行列を作り,Kruskal の多次元尺度法で分析した。この結果は,**図3.3** に示すように,9種の複合音相互間の知覚的な距離関係(近ければ似ている)を表現するもので,知覚空間(perceptual space)とも呼ばれる。この知覚空間は複合音の基本周波数とフィルタの中心周波数の二つの次元に明確に分かれ,複合音の基本周波数と周波数成分が独立であることを示している。また知覚的には,横軸がトーンハイトに,縦軸がトーンクロマに対応している。

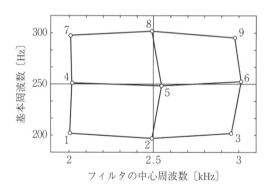

図 3.3 9種の複合音の知覚空間(Plomp and Steeneken, 1971)

3.2.3 ピッチの時間情報と場所情報

ピッチを知覚するための情報を聴神経レベルで探ってみると,主として音刺激に対して発火している聴神経の発するインパルス間の時間間隔(あるいは時間パターンの自己相関関数)と神経興奮パターンのピーク位置という二つの情

報が考えられる。これらの情報をそれぞれ，時間情報および場所情報と呼ぶ。純音刺激の場合について考えると，周期（＝周波数の逆数）に対応するインパルス間の時間間隔によって時間情報が生成され，また神経興奮パターンのピーク位置によって場所情報が生成される。基本的には，前者によるピッチを**時間ピッチ**（temporal pitch），後者によるピッチを**場所ピッチ**（place pitch）と呼ぶこともある。また，時間情報はトーンクロマに，場所情報はトーンハイトに対応すると考えられる（詳細は3.3.3項および3.6節参照）。

3.3 音楽的ピッチの諸特性

3.3.1 オクターブ類似性

図3.1のモデルには，同じピッチクラスに属する音名は距離的に近いという**オクターブ類似性**（octave similarity）が見られるが，実験によってそのような類似性が実現されるであろうか。

Allen（1967）は，1 000 Hzの純音の標準音と，225～4 800 Hzの周波数範囲からの23の比較音（純音）を聴取者に継時的に聴き比べてもらい，7段階の類似性判断実験を行った。聴取の1試行ごとに，前回の記憶を消すために，聴取者に白色雑音（10秒間）を聴かせた。聴取者は10人の音楽専攻大学生および10人の正式の音楽教育を受けていない大学生であった。実験結果によれば，音楽専攻生群は1オクターブおよび2オクターブ離れた音に対してはほかの音に比べ強い類似性を示した。一方，非音楽学生群は概して周波数が離れるに従って類似性が弱くなり，トーンクロマの影響は弱かったが，1オクターブ離れた音に対し，隣接音よりもわずかに類似性が高くなった。この結果は，音楽経験によってトーンハイトよりもトーンクロマのほうが類似性に強い影響を与えるようになったことを示唆している。

またKallman（1982）は，標準音を400～800 Hzの純音とし，比較音を2オクターブ以上にわたる周波数の半音ごとの19の純音とし，35人の一般大学生に知覚的類似性の判断を行わせた。その結果は，標準音と比較音の周波数間

隔が広くなるほど類似性が低下し，周波数間隔が1オクターブの場合も2オクターブの場合にも特に類似性が高くなることはなかった．つまり，トーンクロマは判断に影響せず，トーンハイトのみで類似性を判断していた．つぎに音楽専攻の大学院生3人について同じ実験を行ったところ，1人は1オクターブおよび2オクターブ離れた音に対して高い類似性を示したが，あとの2人はオクターブ離れた音に対してほとんど類似性の上昇を示さなかった．Allen（1967）とKallman（1982）の結果が必ずしも一致しないのは，おそらく実験条件の違い（白色雑音を聴かせることによる聴覚記憶の弱化，比較音刺激の周波数設定など）によるものであろう．

　Demany and Armand（1984）は，生後約3か月の乳幼児がトーンハイトとトーンクロマに対してどのように反応するのかを調べた．最初の音刺激（慣化刺激）は，3音からなる約1.1秒の下降旋律を繰り返し再生したものである．第1音，第2音，第3音の周波数はそれぞれ736.7 Hz, 487.4 Hzおよび428.1 Hzである．新規刺激としては，第1音の周波数はそのままで，まず第2音と第3音をそれぞれ短7度下げた3音旋律S^{-7}，ついでそれぞれを1オクターブ下げた3音旋律S^{-8}，さらにそれぞれをちょうど長9度だけ下げた3音旋律S^{-9}の3種類の下降旋律を使用した．

　乳幼児を3群に分け，慣化刺激の後の新規刺激としては，第1群にはS^{-7}を，第2群にはS^{-8}を，第3群にはS^{-9}を用いた．乳幼児たちの新奇反応はS^{-8}に対して最も小さく，S^{-9}に対して最も大きいという結果が得られた．このことは第2音と第3音を1オクターブ下げた旋律は慣化刺激に最も近いと判断され，乳幼児でさえもトーンクロマに対する感受性があることを示している．また，S^{-7}よりもS^{-9}に対して新奇反応が大きかったということは，周波数間隔が広くなるほど異なっているように判断されたので，トーンハイトに対しても感受性があることを示している．この結果は，ピッチ知覚の本質を示したものであると思われる．トーンハイトおよびトーンクロマの両者に感受性があるということは，人がピッチの類似性の判断をする場合には，その人の生育環境や実験条件の違いによって異なるウェイトを置いた判断をする可能性があ

る。類似性は多次元的な性質をもつので，ウェイトの置き方によって結果が異なるのは当然ありうることである。

3.3.2 音楽的ピッチの周波数範囲

人の純音に対する可聴周波数範囲はだいたい 20 Hz 〜 20 kHz である（4.1 節参照）。しかし，音楽的ピッチの感じられる周波数範囲はある範囲に限定されており，この問題についてはさまざまな研究がある。研究の手法としては，大別して二つの方法がある。一つは，絶対音感保有者による各周波数の音名の絶対判断で，もう一つは相対音感による音程判断（曲の同定や旋律の書き取りなども含む）である。後者は絶対音感保有者でなくても可能なので，この方法を使うことが多い。なお絶対音感とは，ある音を単独で聴いたときにほかの音と比較せずにその音の音名を指示できる能力をいう。

〔1〕 **周波数上限** Bachem（1948）は，絶対音感保有者に純音を聴かせて音名を絶対判断させる実験を行った。周波数を少しずつ上げていって，そのたびごとに音名を判断させると，周波数に音名を対応させることができ，周波数が2倍になると同じ音名に判断された。しかし，4〜5 kHz 以上より高い周波数では音名の判断が固定してしまうという現象（クロマ固定）が生じ，それ以上の周波数では正確な音名判断が不可能になった。

羽藤・大串（1991）および Ohgushi and Hatoh（1992）は，絶対音感保有者に 1 047 Hz（C6）から 16 744 Hz（C10）までの周波数範囲の半音ごとの純音を教室内でスピーカーからランダムに提示し，音名判断を求める実験を3回行った。図 3.4（Ohgushi and Hatoh, 1992）に，46 人の絶対音感保有者の正答率を示す。横軸は純音周波数と音名，縦軸は正答率〔%〕である。横軸に平行に正答率 50 % とチャンスレベルに対応する 8.3 %（= 1/12）の線が引かれている。この結果から，つぎのようなことを読み取ることができる。

① 4 186 Hz（= ピアノの最高音）以下では，正答率はほぼ 70 % を超えるが，その周波数を超えると正答率が急激に低下する；

② 白鍵に対応する周波数の音に対する正答率は高く，黒鍵に対応する周波

3.3 音楽的ピッチの諸特性

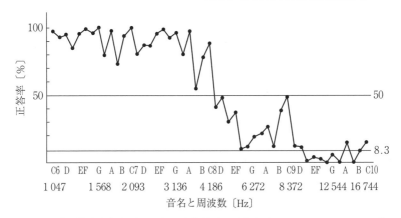

図 3.4 絶対音感保有者 (46 人) の音名判断の正答率 (Ohgushi and Hatoh, 1992)

数の音に対する正答率は低い；

③ C 音や A 音に対する正答率はほかの音に対するよりは相対的に高い。

これらの結果の中の①は Bachem（1948）の結果と定性的には合っている。さらに，②，③も含めて音楽の練習中に聴く機会の多い音の音名になるほどしっかりと記憶されることによるのであろう。上記②については，Miyazaki（1989）の結果とも一致している。

音程判断によって音楽的ピッチの上限周波数を調べた研究としては，純音の調整法によるオクターブマッチングの実験がある（Ward, 1954）。この結果によれば，基準音が 2.7 kHz を超える（つまり，比較音は 5.4 kHz を超える）と調整が困難になり，個人のデータのばらつきが 100 セント（7.3.1 項〔2〕参照）以上になるので，音楽的ピッチの上限は 5.5 kHz とした。また Attneave and Olson（1971）は，音程の移調ができる上限の周波数として 4 978 Hz と 5 274 Hz の間，すなわちほぼ 5 kHz を音楽的ピッチの上限とした。さらに Semal and Demany（1990）は，10 人の音楽熟練者による同様な実験を行った。その結果，上限周波数の平均値は 4.7 kHz であったが，かなり大きな個人間および個人内の差（15％程度）があった。

これらの結果は，聴神経が音響波形に同期して発火可能な最高周波数に対応しており，音楽的ピッチは場所情報によるのではなく時間情報に基づいている

という見解の根拠となっている。

〔2〕**周波数下限**　Guttman and Pruzansky（1962）は，単極性パルス列音（基本周波数：20.6～131 Hz）を聴取者（9人）の両耳に提示し，同じ高さ，1オクターブ上，1オクターブ下のそれぞれにピッチマッチング実験を行った。その結果から，ピッチを感じる周波数下限は19 Hz，ただしオクターブマッチングが可能な周波数下限は60 Hzと結論づけた。19～60 Hzの間はオクターブ類似性の感覚がきわめて弱く，音楽的ピッチの範疇外であると考えた。ただし，聴取者は大学の合唱部員ではあるが必ずしも十分な音楽訓練を受けているわけではなく，低音のオクターブマッチングはきわめて難しかったと想像される。

Pressnitzerら（2001）は，広帯域複合音で長3度内の半音階4音旋律を提示し，続いて同じ旋律の1音だけを半音だけ変えて提示し，3人の聴取者は何番目の音が変化したのかを答えた。実験結果によれば，音楽的ピッチの周波数下限の平均値はほぼ30 Hzであった。そこで，周波数帯域の効果を見るために帯域通過フィルタ（平坦周波数範囲は600 Hz）によって低域周波数をカットしていくと，低域遮断周波数f_cが400 Hz以下ならば30 Hzという値はほとんど変化しないが，f_cが1 600 Hzでは100 Hz，f_cが3 200 Hzでは270 Hzとなった。また，f_cが6 400 Hzになるとまったく旋律の認知は不可能になった。すなわち，基音を含まない調波複合音では，ある程度低い周波数成分が含まれていることが周波数下限を低い値に保つためには必要である。

〔3〕**4～5 kHzより高い周波数における音楽的ピッチ**　図3.4に示したように，絶対音感保有者の純音の音楽的ピッチの知覚は4 kHzを超えると急激に困難になってくるが，それでも音名同定率は10 kHz近くまではチャンスレベルを超えている。また，聴取者の中には8 870 Hz（＝C#9）までは正答率を高く保持している聴取者や11 839 Hz（＝F#9）までもチャンスレベルよりはるかに高い正確さで正答をする聴取者も存在する（羽藤・大串, 1991; Ohgushi and Hatoh, 1992）。その他にも，音楽的ピッチの上限とされる4～5 kHz以上の周波数における音楽的ピッチの知覚実験が行われている。

Burns and Feth（1983）は，10 kHz 以上の純音と比較のために 1 kHz 付近の純音を用いて音楽的ピッチの知覚実験（曲の同定，旋律の書き取り，音程の調整）を行った。最初は 4 小節のよく知られた 12 曲（旋律の範囲は長 6 度を超えない）の同定実験で，曲の最低音が 10 kHz であった。14 人の聴取者の平均同定数は，10 kHz 以上の曲に対しては 2.9，1 kHz 付近の曲に対しては 8.3 であった。しかし個人差が大きく，10 kHz の曲については，同定率の高い 3 人の聴取者の成績はそれぞれ 10，9，8 であったが，4 人の聴取者はまったく同定ができなかった。このことから，Burns and Feth（1983）は，10 kHz を超える周波数の音からでも音楽的ピッチの情報を引き出すことのできる聴取者が存在すると結論づけた。また，3 人の音楽経験者が聴取者になり，4 音旋律の書き取り（相対音程）実験が行われた。さらに同じ聴取者による音程調整実験も行われた。これらの結果から，10 kHz 以上の音は 1 kHz 付近の音に比べて大きく低下はしているが，音楽的ピッチの情報を含んでいると結論づけた。

Oxenham ら（2011）は，基本周波数は 2 000 Hz 以下であるが，低い周波数の倍音成分を除去し，さまざまな最低成分周波数の場合の調波複合音について純音とのピッチマッチング実験を行った。結合音をマスクするために雑音を重畳させている。聴取者は 6 人で，マッチングした周波数が ±0.25 半音内かそのオクターブ違いならば正解とした。その結果によれば，正答率は最低周波数が 8 400 Hz まで 80％以上となっており，従来の常識を超えている。雑音を重畳しているとピッチの聴こえ方が変化する（Hall III and Peters, 1981；Houtgast, 1976）場合があるので，この影響の可能性も考えられる（5.4.5 項，5.4.6 項参照）。

Rose ら（1967）は，リスザルの聴神経の中に例外的ではあるが，12 kHz 付近まで音刺激に対して発火を同期させることのできるニューロンが存在すると報告している。このような聴神経が高い周波数の音楽的ピッチの知覚を可能にしているのかもしれない。

3.3.3 音楽的ピッチを伝送する情報

前項に述べたことから，特殊な例を除いては，純音の音楽的ピッチはおおよそ 5 kHz 以下で生じる．そこで，この心理実験データと聴神経レベルでの生理実験データを対比させて音楽的ピッチを伝送する情報について考察する．聴神経レベルでは，神経興奮パターンという場所情報と神経インパルスの発火時間間隔という時間情報が存在する（2.5.2 項，2.5.3 項参照）．純音の周波数を上げていくと，音楽的ピッチが感じられなくなる周波数は 5 kHz 付近であり，また 1 オクターブ離れた二つの純音がピッチの類似性を感じなくなる周波数は，高いほうの純音の周波数が 5.4 kHz を超えた場合である（Ward, 1954）．一方，聴神経の発火が音刺激波形との同期性が見られなくなる周波数もほぼ 5 kHz 以上となり，これらの値はほぼ同じになる．また 1 オクターブ離れた二つの純音に対する ISI ヒストグラムを重ねると，半数のピーク位置（時間）はほぼ同じ値となる．つまりある意味での類似性がある．しかし，1 オクターブ離れた純音に対する神経興奮パターン（場所情報）はピークが横方向へ移動するが，特別な類似性を示すわけではない．したがって，音楽的ピッチを伝送する情報は場所情報ではなく時間情報であるとみなすことができる（Ohgushi, 1983）．

また，場所情報に比べて時間情報が相対的に弱いと考えられる狭帯域雑音（帯域幅：50 セント），場所情報に比べて時間情報が相対的に強いと考えられる反復リプル雑音（5.6.2 項参照）を用いて絶対音感保有者を聴取者として行った実験から，藤崎・柏野（2001）および Fujisaki and Kashino（2005）は，トーンクロマの同定には時間情報が有効に利用されていること，また絶対音感非保有者も含めてトーンハイトの同定には場所情報が主要な役割を果たしていることを明らかにした．

3.4 無限音階

3.4.1 無限音階構成音のスペクトル

自然界に存在する楽音は基音とその倍音列からなっており，図 3.1 に示した

ような1次元性と2次元性（循環性）を併せもっている。

図3.5は，左回りに一段ずつ階段を上っていくとまたもとの場所に戻ってくるという不可思議な階段で，視覚心理学の分野で無限階段の錯視と呼ばれるものである。聴覚心理学においても，基音が1オクターブの範囲内の音だけを用いてピッチが無限に上昇（あるいは下降）し続ける音の無限階段，すなわち無限音階（endless scale）を作ることができる（Shepard, 1964）。複合音のスペクトル包絡線を一定にし，音色の違いをできるだけ少なくすれば，トーンハイトの変化はほとんど感じさせずにトーンクロマの違いのみを感じさせる音の系列をコンピュータで合成することが可能である。Shepardの合成した無限音階を構成する各複合音のスペクトルは，図3.6に示すように，基本周波数とその2^n倍（$n=1～10$）の周波数の10の部分音からなっている。すなわち，どの部分音も単独では同じ音名となる。図に示す実線は第1番目の複合音の振幅スペクトル，点線は第2番目の複合音の振幅スペクトルを示す。振幅包絡線の最

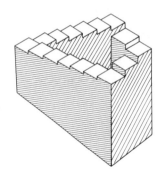

図3.5 無限階段の錯視（Shepard, 1964）

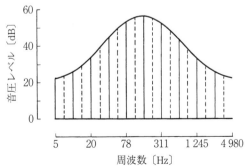

図3.6 無限音階を構成する複合音のスペクトル（Shepard, 1964）

大になる周波数は，ここでは155.6 Hzとしている。また，基本周波数を一定の割合で上昇させると，スペクトル包絡線は一定の形に保ちながら全周波数成分はその割合だけ移動し，1オクターブで完全にもとの形に戻る。この音の系列を繰り返し聴くと，あたかも図3.5のような無限に高さが上昇（逆の順にすれば下降）し続ける音階として聴こえる。このような現象は，各複合音の周波数帯域が広いうえ，スペクトル包絡線が等しいので，聴神経の伝送する基底膜の場所情報によるピッチ（神経興奮パターン）にはあまり違いがなく，時間情報によるピッチのみが大きく異なることによって生じるのであると考えられる。

3.4.2　無限音階構成音に対する聴神経の反応

　無限音階が時間情報によって知覚されるとすれば，聴神経レベルでISIヒストグラムを観測したとき，ヒストグラム上のピークに対応するISIが中域の振幅の大きな周波数成分の逆数になっていることが予想される。**図3.7**（a）は，基本周波数をレ[#]音からド[#]音（ハ長調）までの全音ごとの六つの無限音階構成音に対してネコの聴神経（特徴周波数CF＝600 Hz）から得られたISIヒストグラムである（大串・宮坂・村田・橋本・南・谷口，1978）。

　これらの音刺激は周波数範囲が広いので，広い範囲のCFの聴神経が反応すると考えられる。図からわかるように，それぞれのISIヒストグラムのピークの位置は，複合音の各成分の周波数が高くなるに従って，左方に移動することがわかる。最下段のド[#]音の場合には，奇数次ピークが小さくなり偶数次ピークが大きくなっている。また，図3.7（b）は，CFが1.2 kHzの聴神経のレ[#]音に対するISIヒストグラムであるが，図（a）の場合に比べて特徴周波数が2倍だけ高いので，ISIヒストグラムのピーク間隔が2倍だけ狭くなっている。これらの生理実験データは，無限音階のピッチ知覚は主として聴神経の伝送する時間情報により生じるものであることを示している。

3.4 無限音階　65

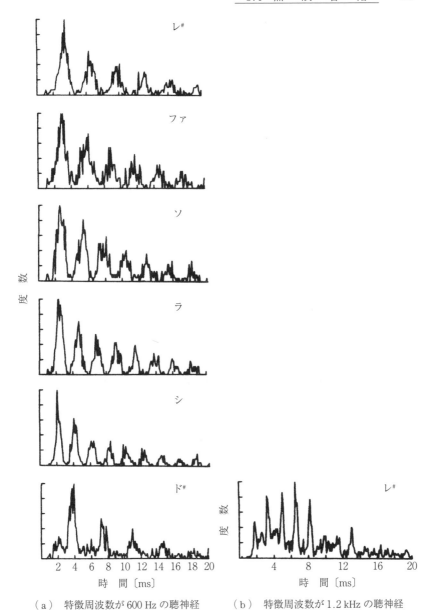

(a) 特徴周波数が 600 Hz の聴神経　　(b) 特徴周波数が 1.2 kHz の聴神経

図 3.7　無限音階を構成する各複合音に対するネコの聴神経の ISI ヒストグラム（大串・宮坂・村田・橋本・南・谷口，1978）

3.4.3 ピッチ比較判断の個人差とその要因

大串(1984)は、Shepardのアルゴリズム(1964)により10の複合音系列よりなる無限音階を合成した。これらの系列を続けて聴くと、ほとんどの聴取者は無限にピッチが上昇し続ける無限音階として知覚した。ただし、音階が不自然であるという指摘もあった。そこで無限音階を構成する10の複合音を組み合わせ、ピッチの1対比較実験を行った。その結果を星取表の形にし、各複合音間のユークリッド距離を計算し、それらの距離関係を満足するようにKruskalの多次元尺度法で分析し、各複合音の空間布置を求めた。図3.8にその結果を示す。

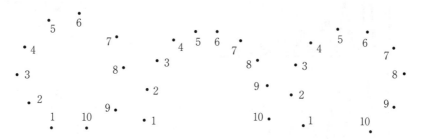

(a) 聴取者:MH　　　(b) 聴取者:JM　　　(c) 9人の聴取者の平均

図3.8 10の複合音のピッチ知覚空間の個人差(大串,1984)

いずれの場合も円環状の布置をしており、ピッチの高低判断にトーンクロマの影響が大きいことを示している。しかし、スペクトル包絡線は同じであっても、トーンハイトはわずかには異なるので、その影響が複合音1と複合音10の距離 d_{1-10} として現れている。図3.8(a)の聴取者MHは d_{1-10} がほかの隣接複合音間の距離とあまり変わらず、このことは聴取者MHはピッチの判断においてトーンハイトの影響を受けていないことを示している。一方、図3.8(b)に示す聴取者JMの布置においては d_{1-10} が大きく、ピッチの判断においてトーンクロマだけではなくトーンハイトの影響も強く受けていることを示している。このように、ピッチの判断においては大きな個人差が見られる。また9人の聴取者の平均布置は図3.8(c)のようになり、ピッチの判断において

トーンクロマとトーンハイトの影響を受けていることを示している。

　無限音階を構成するShepardのアルゴリズムは，各複合音の隣接音間の音程がちょうど1オクターブであったが，Burns（1981）は1オクターブよりわずかに狭くてもあるいは広くても無限音階が成立することを示した。またUeda and Ohgushi（1987）は，Shepardのアルゴリズムを一部だけ変更し，トーンハイトの範囲が3オクターブにわたる音階を合成し，3オクターブの範囲のらせん構造を聴取実験と多次元尺度法によって実現させた。複合音のピッチ知覚におけるトーンハイトとトーンクロマへのウェイトの個人差が大きいことを示した。さらに，オクターブ内の周波数成分を多くした場合にも無限音階の成立することを示した実験もある（Nakajima, et al., 1988；Deutsch, et al., 2008）。

3.4.4　無限音階構成音を用いた旋律

　歌の旋律はピッチの変化からなっており，唱歌や歌謡曲は音域が1オクターブを超えるのが普通である。最低音と最高音の音程が大きくなったとき，素人が歌う場合には高い音は発声できなくなるので，それらの音だけを1オクターブ下げて歌う場合がある。しかし，部分的に1オクターブ変化させると多くの人が不自然に感じることになる。そこで無限音階を構成する複合音を用いて歌謡曲の「瀬戸の花嫁」の旋律を合成した（大串，1984）。図3.9に示すように，「瀬戸の花嫁」の旋律は10度（ハ長調のドからオクターブ上のミまで）の範囲にわたっているが，複合音の範囲は7度（ハ長調のミからオクターブ上のレま

図3.9　無限音階構成音と「瀬戸の花嫁」のピッチの範囲（大串，1984）

で）である．また比較のために，7度の範囲の純音を用いた旋律の合成も行った．その結果，純音を用いた旋律は7度の範囲を超える三つの音（ド，レ，オクターブ上のミ）の部分を1オクターブ変えて合成しているために不自然に聴こえるが，複合音を用いた旋律はごく一部の人を除いては自然に感じられた．これらの複合音を二つ連続して聴いた場合には，一般的には音程が近いほうに感じる確率が高いが，この場合には曲を知っていることによる文脈効果によって旋律は自然に感じられたのであろう．

3.5 オクターブ伸長現象

3.5.1 オクターブ伸長現象の実験データ

基本周波数がオクターブの整数倍だけ離れた音は，音名では同じ文字が当てられており，これらの集合をピッチクラスと呼んでいる．1オクターブは物理的には周波数がちょうど2倍になることに対応するが，二つの純音を継時的にあるいは同時的に聴取した場合には周波数比が2倍よりもわずかに広くなったときにちょうど1オクターブ離れていると感じられる．この1オクターブに感じられる周波数比を**心理的オクターブ**（subjective octave）という．Ward (1954) は，継時的に周波数を固定した純音と周波数可変の純音を聴取者に提示し，9人（18耳）の聴取者は後の音の周波数をちょうど1オクターブだけ高くなるように調整した．その結果を要約すると

① 個人差が大きい；
② 周波数による変化がしばしばきわめて大きい；
③ 左右耳の結果は似ているが，周波数によって大きな差のあることもある．

などの傾向が観測された．18耳の中間値を取ると，低いほうの周波数が250〜2500 Hz の範囲で 10〜60 セントだけ心理的オクターブが物理的オクターブ（physical octave）より広くなった．この現象を**オクターブ伸長現象**（octave enlargement phenomenon）と呼ぶ．また，固定音が 2 700 Hz を超えるとほと

んどの聴取者が1オクターブ上の周波数の調整が困難になった。そこでWard (1954) は，音楽的ピッチはおおよそ5 500 Hzを超えると消失すると結論づけた。なお，この結果はBachem (1948) のクロマ固定ときわめて関連する現象であると考えられる。

その後多くの研究者によって純音のオクターブ伸長現象が報告された (Walliser, 1969a；Terhardt, 1971a；Dobbins and Cuddy, 1982；大串・神谷, 1979；Ohgushi, 1983)。Walliser (1969a) は，4人の聴取者が250 Hz，500 Hz，1 000 Hz，2 000 Hzの各純音よりも1オクターブ低く感じる周波数に調整した。その結果，個人差はかなりあったが，平均的には0.4～2.6%の伸長現象が見られた。また，周波数が高くなるに従って伸長幅は大きくなった。

図3.10に，これまでの研究結果の中からOhgushi (1983) の実験データを

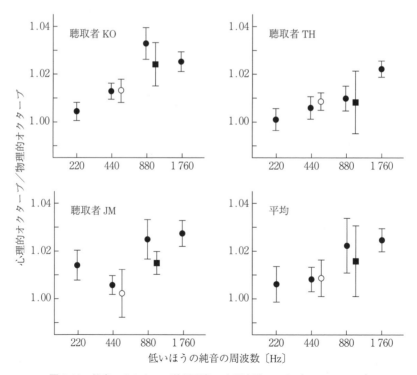

図3.10 純音のオクターブ伸長現象の心理実験データ (Ohgushi, 1983)

示す．横軸は低いほうの純音の周波数，縦軸は心理的オクターブを 2（＝物理的オクターブ）で割った値である．●印は，与えられた周波数の純音に対して継時的に与えられた純音を1オクターブ高く知覚されるように調整法で求めた結果である．聴取者間の個人差はかなり大きいものの，周波数が高くなるに従って伸長現象は顕著になる傾向のあることが示されている．なお，○印は周波数が高いほうから低いほうへのオクターブマッチング，■印は2音の同時提示の場合のオクターブマッチング結果である．いずれも伸長現象が見られる．

3.5.2　オクターブ伸長を説明する理論

オクターブ伸長現象は，これまでに場所説に基づくピッチ理論と時間説に基づくピッチ理論により説明されてきた．場所説による理論は Terhardt（1974）により提案されたものである．彼の理論は二つのアイディアを結合させたものである．すなわち，聴覚の音刺激に対する反応を聴覚神経上の興奮（場所）パターンとして捉えるという場所説による考え方と学習モデルの考え方である．人は幼児期から毎日音声（母音は周期的複合音）を聴いて育っているが，このような毎日の繰り返しの中で，周期的複合音に対する神経興奮パターンのテンプレート（鋳型）が脳の中に記憶されるようになる．ここで第2倍音が基音をマスクするために，基音に対する神経興奮パターンはさらに周波数の低いほうにシフトする．したがって，人は周期的複合音を繰り返し聴くことにより，1オクターブという音程を伸長したより広い神経興奮パターンとして記憶している．そこで，二つの純音のオクターブ判断を行うときには，伸長したテンプレートを用いることになるのでオクターブ伸長が生じるのであると説明している．ただしこの理論では，オクターブマッチングが高いほうの周波数が 5.5 kHz 以下でないと困難であるというような実験事実は説明できない．

さまざまな実験データから，音楽的ピッチはほぼ 5 kHz 以上では消失し，また生理実験データから聴神経の純音に対する同期性は 5 kHz 以上で消失するという対応関係が知られている．つまり，音楽的ピッチは音刺激の時間情報に基づくと考えられている．時間説による説明が Ohgushi（1983）によってなされ

ている。この説明はつぎのような聴神経の生理実験結果に基づいている。すなわち，ニューロンは一度インパルスを発火するとその間はつぎのインパルスを発火することが不可能（絶対不応期）となり，その直後には発火の閾値が上がって発火しにくい期間（相対不応期）がある。したがって，純音刺激の周波数が高くなると，波形の連続するピークに対応して発火するインパルスの間隔は，図 2.19 に示したように，統計的には波形のピーク間隔（周期）よりも遅れるようになってくる。

　時間説による説明を，**図 3.11** の模式図の例を使って行う。図 3.11（a）においては，500 Hz の純音刺激（周期 = 2 ms）に対して聴神経がほぼ 2 ms の間隔でインパルスを発生している。音刺激の周波数が 1 オクターブ高くなると，図 3.11（b）に示すように，インパルス間隔は周期（= 1 ms）よりもやや広くなる。ここでは，例題的に 1.02 ms としている。つまり，音刺激の周期情報は

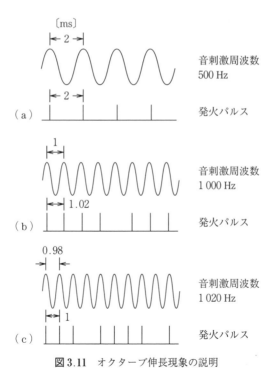

図 3.11　オクターブ伸長現象の説明

周波数が高くなるに従って相対的に長くなる（つまり周波数が低くなる）のである。そこで聴神経の段階では，周期に対応するパルス間隔がちょうど半分になったときに1オクターブ高くなると仮定すれば，図3.11（c）に示すように，音刺激周波数が1 020 Hzとなり，インパルス間隔がちょうど1 msになったときに1オクターブ高いと判断することになる。このようにしてオクターブ伸長現象を説明することができる。この理論は最初にOhgushi（1983）によって提案された。後に，McKinney and Delgutte（1999）は，生理実験によりネコの多くの聴神経について，図2.19の傾向を確認し，時間説による説明を支持した。またMoore（2012）は，Ohgushi（1983）の理論を支持してこの理論を紹介している。

なお，演奏におけるオクターブ伸長現象については第7章で述べる。

3.5.3　多重オクターブの伸長幅

以上は1オクターブの伸長に関する問題であったが，2オクターブあるいは3オクターブにマッチングしたときの伸長現象はどのようになるのであろうか。Walliser（1969a）は，4人の聴取者により，2.8 kHzおよび4 kHzの純音に対する下降方向のオクターブ伸長現象実験を行った結果，2オクターブあるいは3オクターブの間の伸長幅は個々の1オクターブの伸長の和になることを示した。

3.6　ピッチの音色的側面（音色的ピッチ）の特性

音色は主として，金属的因子（明るさ，鋭さ，緻密さ，など），美的因子（快さ，協和性，滑らかさ，など），迫力因子（豊かさ，力強さ，迫力，など）などの1次元的要素に分けられる（北村，1975）が，トーンハイトはこれらの中の金属的因子の特性に比較的近い。そこで，トーンハイトを**音色的ピッチ**と呼ぶこともある。音色的ピッチは周波数の変化に対して循環性がなく，周波数の上昇とともに1次元的に上昇する。金属的因子に含まれる音色の要素につい

て，成分の存在する周波数領域との関連が調べられている．

　まず，「**明るさ**」(brightness) についての実験としては，Lichte (1941) が基本周波数が 180 Hz で基音から第 16 倍音までを含んだ調波複合音のスペクトル包絡線を右上がり（高域強調）から右下がり（低域強調）まで 11 通り変えた複合音の「明るさ」の 1 次元尺度化を行った．その結果，「明るさ」は高域周波数成分が強調されるに従って明確に増大することが示された．また「**緻密さ**」(density) については，Guirao and Stevens (1964) が純音と狭帯域雑音について周波数との関連性を調べた結果，「緻密さ」は音圧が一定ならば周波数が高くなるに従って増大することを明らかにした．さらに，「**鋭さ**」(sharpness) については，Bismarck (1974b) が純音，帯域雑音，帯域制限された調波複合音などを用いた実験を行い，エネルギーの集中している帯域が高くなるほど，「鋭さ」が増大していることを見いだした．

　周波数の関数として，「緻密さ」と「鋭さ」を表現すると大まかには同じ傾向を示すのに対し，ピッチ（メル）は約 2 kHz 以上では周波数の上昇に伴うメル値の増大の鈍化が顕著であり，その点でピッチは「緻密さ」や「鋭さ」とは異なる傾向を示す (Bismarck, 1974b)．なお，「明るさ」は「鋭さ」との間にも強い相関が存在する (Bismarck, 1974a)．

　以上の心理学的知見と生理実験データとを対応させて考えると，音色的ピッチを伝送する情報は，基底膜振動の場所パターン（聴神経レベルでは神経興奮パターン）に基づく場所情報であると考えられる．

3.7　ピッチの単位「メル」とその問題点

　純音のピッチは，3.1 節で述べたように**メル** (mel) という単位で 1 次元的に表現されている．感覚レベルが 40 dB で，周波数が 1 000 Hz の純音の高さを 1 000 メルとし，正常な感覚をもつ人が 1 メルの n 倍の高さと判断するピッチが n メルである．すなわち，1 000 メルの音は 500 メルの音の 2 倍のピッチに聴こえる．メル尺度はさまざまな場面において使用されているが，実験自体

の問題や異論もあるので,実験内容の説明と問題点などについてやや詳しく述べる。

Stevens ら (1937) は,2台の純音発振器を用意し,第1の発振器の周波数を固定(基準周波数)し,第2の発振器の周波数を聴取者が調整できるように設定した。5人の聴取者はそれぞれいくつかの基準音(=純音)に対し,そのちょうど半分の高さに感じるように (just half as high in pitch as a standard tone) 第2の発振器の周波数を調整した。基準音の周波数は 125～12 000 Hz の範囲の 10 種の周波数である。音の大きさのレベルは 60 phon 一定とした。聴取者の判断にはかなりの差があった。例えば,基準周波数が 1 000 Hz の場合,半分の高さに感じる周波数は 391 Hz から 640 Hz までの広い範囲に散らばった。また,個人内の誤差も 10%を超す場合が多かった。5 人の聴取者の結果の幾何平均をとり,これらの値から 1 000 Hz に対して高さを 1 000 メルという値を割り当て,音の高さの尺度化を行った結果,2 000 Hz は約 1 900 メル,4 000 Hz は 3 000 メル,10 000 Hz は 4 400 メルとなった。

Stevens and Volkmann (1940) は,上記の実験結果はばらつきが大きいので再検討が必要であると考えた。すなわち
① 異なった実験法による結果を求める;
② 聴取者間および聴取者内のデータの分散が大きいので,聴取者を増やす;
③ 当時の実験機器では,120 Hz 以下の低い周波数領域では実験機器の信頼性に問題があるのでより良い機器を用いる;
④ 高さの零点をオルガンの最低音と考えた聴取者が2人いたので,零点を必要としない実験法も用いる。

などの問題を自ら指摘し,新たな二つの実験を行った。

第1実験では,二つの純音の周波数を 200 Hz と 6 500 Hz に固定し,その間に三つの周波数を設定し,ピッチの感覚の距離が四つの等間隔になるように 10 人の聴取者に周波数を調整してもらった。さらに,それぞれ 40 Hz と 1 000 Hz,3 000 Hz と 12 000 Hz の二つの純音対についても同様な実験を行っ

た。図 3.12 に，10 人のデータの平均値を重ね合わせて作図したものを示す。図において黒印は実験で設定した両端の周波数，白印は聴取者の調整平均値である。ピッチの零点は，高さの感覚の生じる最低周波数である 20 Hz として，図上では外挿して示した。1937 年の結果に比べると，1 000 Hz 以上で勾配が緩やかな曲線になった。1937 年の結果では，10 kHz ではほぼ 4 400 メルとなっていたが，1940 年の結果では，ほぼ 3 100 メルとずいぶん異なった値になっている。

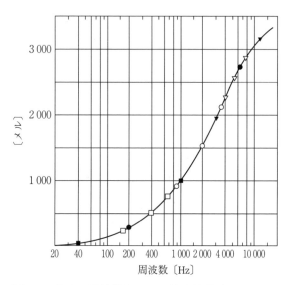

図 3.12 純音の周波数とメルの対応関係（Stevens and Volkmann, 1940）

第 2 実験として，1937 年の実験と同じくさまざまな周波数の基準音に対して，12 人の聴取者がピッチが半分に感じられる周波数に調整する実験を行った。その結果によれば相変わらず個人差は大きいが，平均的には第 1 実験の結果とよく合っている。そこで，Stevens らは改定した新しいメル尺度として図 3.12 を提案した。これらの結果は周波数が 2 倍（1 オクターブ上）になったときにメル値が 2 倍になるというわけではないことを示している。

メル（mel）という単位は，ピッチが旋律（メロディー）を構成する要素で

あることから melody という単語から採ったものである（Stevens, et al, 1937）が，現在では明らかになっているように，周波数が 5 kHz を超える純音は，一般的には旋律を構成することが困難になる。周波数が上昇するにつれ，ただキーンというような鋭さの感覚が増加するだけである。旋律を構成できないような周波数範囲にまでメルという単位を用いるのは一貫性に乏しい。

　メル尺度に対してはいくつかの批判がある。Beck and Shaw（1961）は，基準音の周波数を 131 Hz にした場合（実験 1）と 523 Hz にした場合（実験 2）について，131 ～ 4 186 Hz の範囲で，マグニチュード推定法とオクターブ判断による実験を行った。その結果，両実験の結果がよく似ており，ピッチのマグニチュード測定に音楽的な問題（オクターブ類似性など）が影響していること，さらに基準周波数が 523 Hz の場合にはメル尺度（特に改訂した尺度）とは大きく異なることが明らかになった。これらの実験結果は，Stevens ら（1937, 1940）の結果とは根本的に異なっていることを示している。

　Siegel（1965）は，音楽的に特別の訓練を受けていない 10 人の学生に提示した周波数のピッチの半分のピッチに発振器の周波数を調整させたところ，かなり音楽的ピッチ判断（半分の高さはほぼ 1 オクターブ低い周波数になる）に従うという結果を得た。

　Stevens ら（1937, 1940）の実験データの不安定性や個人差の大きさの原因は，聴取者たちがトーンハイトとトーンクロマのどちらに重みをおいて判断しているかに依存するであろうし，もともと 1 次元的な性質と循環的な性質を併せもつピッチという属性をマグニチュード推定法により 1 次元尺度化を行うのはかなりの無理があるとも考えられる。

　Moore（2012）も，メル尺度は音響技術や音声研究に広く使用されているが，その妥当性は疑わしいと述べている。純音の周波数を変えたときには音の大きさのような量的な変化が生じるのではなく，質的な変化が生じるからである。光の波長が変わったときに色相が変化するのと同様である。

3.8 周波数と空間的高さとの関係

音の周波数を表現するには，多いとか少ないとかいわず，古くから高いとか低いという表現をしてきた。純音の場合，周波数が高くなる（ピッチが高くなる）に従ってその音がより上方からくるように感じられることを経験的に知っていたからではないかと考えられる。

Pratt（1930）は，音源として五つの周波数（256 Hz，512 Hz，1 024 Hz，2 048 Hz，4 096 Hz）の純音を用い，つぎのような実験を行った。すなわち，高さが2.5 mの垂直尺度板に下から等間隔に1から15までの番号を打ち，高さの尺度とした。聴取者は尺度板から3 mの距離に座り，尺度板の後の五つの場所からランダムに提示される純音を聴いて，その音が尺度板のどの高さから聴こえてくるのかを番号で答えた。6人が一つの周波数について10回の判断を行った。聴取者ごとの平均値を見ると，高さの判断は周波数の順に一致した。また全被験者の結果を平均すると，周波数の低いほうから，番号が5.1，7.0，8.5，10.2，12.4と周波数が高くなるに従って上方から聴こえることが示された。

その後の研究（Roffler and Butler, 1968）では，5人の聴取者が正面の高さ方向の仰角−13度〜+20度に置かれた四つのスピーカー音源からの250〜7 200 Hzの九つの純音がどの高さから聴こえてくるかの判断実験に参加した。その結果，周波数を固定すれば，音源の高さ方向を変えても聴こえてくる方向は変わらず，周波数が高くなるほど高い位置から聴こえてくるという結果が得られた。この結果は，上述のPrattの結果と同様である。このように，純音の空間的な高さ方向の定位については，高い周波数になるほど空間的には上方に定位するという傾向が見いだされている。純音は周波数が増加するとともにかん高い感じに変化してくる。この感覚はピッチの1次元的性質（低─高）に対応するものである。

さらに純音だけでなく，楽器音（ピアノ，マリンバ）について行った垂直方

向の定位実験においても，基本周波数の上昇とともに音源の位置が高く感じられる傾向が示されている（加藤・森下，1989）。これらの現象の生理学的メカニズムについてはまだ明らかになっていない。

　人は，ある程度は上下方向の判断は可能であるが，左右方向の判断能力に比べるとはるかに劣っている。しかし，上下方向の判断能力のすぐれた動物としてメンフクロウがあげられる。メンフクロウは，暗やみの中で地上を動きまわるネズミなどの小動物の音を聴き，木の上から飛び降りて小動物を捕えることができる。メンフクロウは多くの動物と異なり，耳の位置が左右対称ではなく，左耳が右耳よりも高い位置についているので，左右の方向判断だけでなく，上下の方向判断もできるのである（Knudsen and Konishi, 1978）。

第4章
純音のピッチ

4.1 純音の可聴周波数範囲

人の可聴周波数範囲はほぼ 20 Hz ～ 20 kHz とされているが，個人差もあり，一般に高齢になると高い周波数の音は聴こえ難くなる．最近になって，提示する音圧レベルを上げて精密な測定が可能になり，20 kHz を超える純音について調べられている．それらの結果（Ashihara, et al., 2006）によれば，音圧レベルを 90 dB 程度まで上げると，15 人の成人（18 ～ 33 歳）のうち 6 人は 22 kHz まで聴こえ，4 人は 24 kHz まで聴くことができた．ただし，26 kHz 以上は聴こえなかった．さらに，提示最高音圧レベルを 110 dB まで可能としたとき，男女 8 人ずつの聴取者（19 ～ 25 歳）の 32 耳のうち，16 耳は 24 kHz，10 耳は 26 kHz，3 耳は 28 kHz まで聴くことができた．30 kHz は聴こえなかった（Ashihara, 2007）．

4.2 周波数弁別閾

周波数はピッチを支配する最も重要なパラメータである．ある純音の周波数がどの程度異なれば，違いが知覚できるかの境界を**周波数弁別閾**（frequency difference limen）と呼ぶ．周波数弁別閾を測定するおもな方法としては，交替に提示される二つのわずかに周波数の異なる純音を聴き比べ，どちらが高いかを判断し，正しい判断が 75％ に対応する周波数差を周波数弁別閾とする．ま

た古くには,交互に提示される低い周波数(2〜4 Hz)で周波数変調された音と変調されていない音を聴き比べ,どちらが変調されているかを判断する実験もあった(Shower and Biddulph, 1931)。

図 4.1 に,いくつかの実験結果をまとめたものを示す(Wier, et al., 1977)。Shower らのデータのみが周波数変調の検知域を調べたものである。音の感覚レベルはほぼ 40 dB である。横軸に周波数(f)の平方根,縦軸に周波数弁別閾(Δf)をとった場合には,すべての周波数弁別閾がほぼ実線上に乗っている。ただ平方根を取ることの理論的な意味は明らかになっていない。これらのデータから,例えば 1 000 Hz の純音では 1〜2 Hz 変われば弁別でき,ラジオの時報第 1 音の 440 Hz 純音はほぼ 1 Hz 変わっただけで弁別できることがわかる。

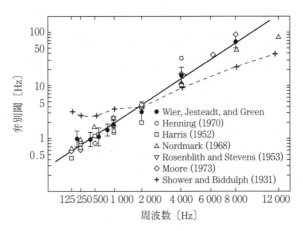

図 4.1　純音の周波数弁別閾(Wier, et al., 1977)

つぎに,図 4.2 に,純音の周波数の**比弁別閾**($\Delta f/f$)を測定した 1 人の聴取者の結果を示す(Moore, 1973)。横軸は周波数,縦軸は比弁別閾である。6本の曲線につけられた数値は音刺激の持続時間〔ms〕を示す。比弁別閾は周波数や持続時間によって異なる。持続時間が 200 ms で 250〜4 000 Hz の周波数範囲では 0.15〜0.25 % 程度であるが,その周波数範囲を超えると急激に大きくなる。また持続時間が短くなると,比弁別閾は大きくなる。図 4.2 の 4〜

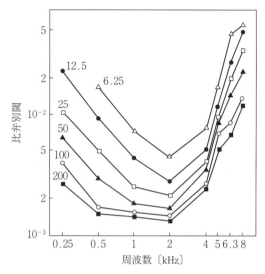

図 4.2　純音の周波数の比弁別閾（Moore, 1973）

5 kHz 以上の高い周波数における比弁別閾の急激な上昇は，聴神経の位相同期の消失（2.5.3 項参照）に関連があると考えられる（Moore, 1989）。

のちに Moore and Ernst（2012）は，純音の比弁別閾を 14 kHz までの高い周波数範囲まで拡張して測定し，8 ～ 14 kHz の範囲では有意差がないという結果を示した。従来，ピッチを支配する時間情報は，聴神経の音響波形との同期性の観測結果（Rose, et al., 1967；Johnson, 1980）から，4 ～ 5 kHz 以下で働くと考えられてきたが，Moore and Sek（2009）はそれ以上の周波数でも聴神経の同期性はわずかながら残存し，時間情報はほぼ 8 kHz まで働き，それ以上の周波数では場所情報に切り替わるのではないかという考えを述べている。

4.3　持続時間とピッチ

音の持続時間が極端に短いとクリック（コツッあるいはクルッというような感じに聞こえる雑音）と呼ばれるピッチが明確でない短音として感じるが，持続時間を長くしていくとピッチを感じるようになる。この関係を明確に調べた

研究として，Doughty and Garner (1947) がある。彼らは，短音の高さを**クリックピッチ**と**トーンピッチ**の2種類に分類した。クリックピッチとは，まだクリック的な要素が強く，なんらかのピッチ感をもってはいるが，それが純音のピッチほど明確ではない場合をいう。トーンピッチとは，クリック的な感覚よりは純音らしいピッチの感覚が強くなった場合をいう。この境界はかなり主観的であるように思われる。**図 4.3** に，6 人の聴取者についての実験結果を示す。この図は音圧レベルが 110 dB というかなり強い音の場合の結果である。クリックピッチとトーンピッチの知覚に必要な持続時間を示している。この結果によれば，1 kHz 以上の周波数の純音に対しては，クリックピッチは 4 ms 以上の持続時間で感じられ，さらに 10 ms 以上になるとトーンピッチが感じられるようになる。周波数が低くなると必要な持続時間は長くなる。音圧レベルを 70 dB まで下げると，1 kHz 以上ではクリックピッチは約 6 ms，トーンピッチは 16 〜 19 ms と長くなる。125 Hz ではクリックピッチは 21 ms，トーンピッチは 40 ms とさらに長くなる。

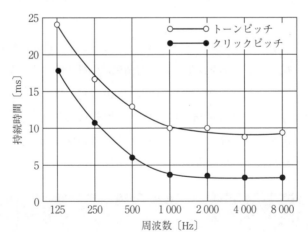

図 4.3　クリックピッチとトーンピッチの知覚に必要な純音の持続時間 (Doughty and Garner, 1947)

以上の実験事実は，音の持続時間が短くなった結果，周波数スペクトルが広がり，興奮パターンのピークが不明確になり，また周期数が少なくなることに

よって，聴神経の発火時間間隔の規則性が低下していることによるものと考えられる。

4.4 ピッチに及ぼす音圧レベルの影響

純音のピッチは主として周波数によって決定されるが，音圧レベルにも影響される。最もしばしば参考書などに引用される有名な Stevens（1935）の実験結果では，1〜3 kHz の中域周波数ではピッチは音圧レベルにはほとんど影響されないが，それより低い周波数では音圧レベルを高くするに従ってピッチは低下し，また高い周波数では音圧レベルを高くするに従ってピッチは上昇する。この変化は，周波数が 8 kHz 以上の高い周波数や 150 Hz の低い周波数の場合には 10% 以上にもなる。しかし Stevens の実験においては，聴取者は周波数および音圧レベルを固定して与えられ，周波数の固定された比較音の音圧レベルを変化させてピッチマッチングを行っている。ピッチに対しては周波数が最も強い影響を与え，音圧レベルの影響は 2 次的であるので，この測定法には問題がある。さらに，この論文に掲載された量的データは聴取者 1 人だけのものである。

その後，ピッチに及ぼす音圧レベルの影響を調べる実験は繰り返し行われた。Morgan ら（1951）は，125〜8 000 Hz までの範囲で，基準音圧レベルを 100 dB として 18 耳に対して実験を行った。この実験においては，Stevens の方法とは異なり，聴取者が比較音の周波数を調整した。その結果，定性的な傾向としては Stevens の結果と同様であったが，音圧レベルの影響による平均的なピッチ変化は 2% 以内ときわめて小さかった。ただし，聴取者間の個人差は大きかった。

Cohen（1961）は，50〜6 000 Hz の範囲で実験を行い，Stevens の傾向とは合っているが，ピッチシフトは少なく，せいぜい 2% 以下であった。しかし個人差が大きく，ピッチと音圧レベルの関係が逆方向になる場合もあるので，複数のメカニズムが関係しているという可能性があると示唆している。

4. 純音のピッチ

Miyazaki (1977) は，新しい手法を含めた2種類の実験を行った。まず，6種類の周波数でそれぞれ7種類の感覚レベルの基準音に対して，感覚レベルが40 dB である純音 (600 ms) のピッチが等しくなるように聴取者が比較音の周波数を調整した。この実験においては，ピッチはしばしば感覚レベルの上昇変化に対して非単調的（上昇したり下降したり）に変化した。また125 Hz については，感覚レベルの上昇に従ってピッチが上昇する傾向が見られた。しかしながら，500 Hz，2 000 Hz，4 000 Hz の各純音に関する12人の聴取者の平均的なデータでは，図4.4に示すように，音圧レベルの変化による系統的なピッチシフトが観測された。このデータは Stevens の結果と定性的には合っている。ついで第2実験として，2人の聴取者に自身の音楽的ピッチの感覚に従ってピッチマッチングをするように求めた。その実験結果によれば，音圧レベルの変化によってピッチが変化する傾向は見られなかった。Miyazaki (1977) は，音圧レベルの変化によるピッチシフトは音色的ピッチによるものであると示唆している。

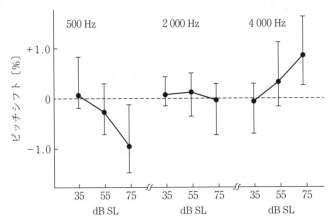

図4.4　音圧レベルの変化に伴うピッチシフト (Miyazaki, 1977)

さまざまな実験データを要約し，Terhardt ら (1982) は，基準となる純音の周波数を F 〔kHz〕，音圧レベルを 60 dB，比較音の音圧レベルを L 〔dB〕としたとき，ピッチシフト量 Δf 〔%〕を

$$\Delta f = 0.02(L-60)(F-2) \tag{4.1}$$

と表現した．この式は周波数が 2 kHz を超えると正方向のピッチシフト，2 kHz 未満では負方向のピッチシフトの値を予測しており，これまでの実験データの平均的な傾向を大まかに予測している．

以上は純音の場合についてであるが，広帯域の調波複合音については多くの周波数成分を含むので，音圧による効果は相殺し合って小さくなると考えられる．Terhardt (1975) は，基本周波数が 200 Hz で第 40 倍音（= 8 kHz）までを含む複合音について，音圧レベルが 50 dB から 80 dB までの範囲で変化させた場合のピッチへの影響を調べた．その結果，聴取者間の個人差が大きく，明瞭な音圧レベルの影響は見られなかった．しかし，この複合音から 1 kHz を超える周波数成分を除去した複合音は，音圧の上昇に対してピッチは下降し，また 1 kHz 未満の周波数成分を除去した複合音は，音圧の上昇に対してピッチは上昇した．ただし，その変化幅は平均的には 1 % 程度とわずかであった．

4.5 他音の存在によるピッチシフト

4.5.1 雑音によるピッチシフト

純音とほかの音を同時に聴くと，注目すべき純音のピッチが他音が存在しない場合に比べてわずかにシフトすることがある．Egan and Meyer (1950) は，純音のピッチが狭帯域雑音（中心周波数：410 Hz，帯域幅：90 Hz）を同時聴取することによってどのように変化するかを単耳ヘッドホンを用いて調べた．2 人の聴取者による実験結果によれば，純音の周波数が雑音の中心周波数 410 Hz よりも高ければ，純音の周波数が 420 〜 880 Hz の範囲では，ピッチは最大 20 Hz くらいまで高いほうへシフトすることがわかった．また，純音の周波数が 200 〜 300 Hz ならば，ピッチは低いほうへシフトした．これらのピッチシフトは純音の周波数が雑音の中心周波数に近いほど大きくなる傾向があった．また，高いほうへのシフトが低いほうへのシフトよりも顕著であったが，聴取者が少なく個人差は大きい．

Terhardt and Fastl（1971）の実験では，純音のピッチは重畳された帯域雑音の周波数帯域が純音の周波数よりも低いときには，高いほうへシフトした。この結果は Egan and Meyer（1950）と同様である。また，帯域雑音が純音よりも高い周波数帯域のときには，純音が 500 Hz 以下の場合にはピッチは低いほうへシフトしたが，純音周波数が 500 Hz よりも高くなると系統的なピッチシフトは示さなくなった。

アメリカ音響学会の支援で発行されている CD の中に，1 000 Hz 純音にマスキング雑音（900 Hz 以下の低域通過雑音）を加えた場合について，純音のピッチと比較するための録音がある（Houtsma, et al., 1987）。その CD を聴くと，マスキング雑音がある純音のほうがピッチが高く知覚されることが予想される。この CD を用いて，Hartmann（1993）が 33 人の学生を対象にして教室で行った実験（どちらのピッチが高いかの判断。変化しないという判断もあり）によれば，音圧レベルが 60 dB のときにはピッチは変化しないという判断が最も多く，残りの聴取者の判断は二つに分かれた。音圧レベルを 75 dB に上げたところ，13 人がマスキング雑音のあるほうが高いという判断を行ったが，10 人は純音だけのほうが高いと判断し，また 10 人は変化しないと答えた。この現象には個人差が大きいが，聴覚末梢系の問題なのか，聴き方の問題なのかは明確ではない。

4.5.2　先行音によるピッチシフト

持続時間の短い純音刺激（標準音）の前に周波数の異なる純音（先行音）がある場合には，標準音のピッチは変化（シフト）して知覚される。Rakowski and Hirsh（1980）は聴取者に対して，先行音として持続時間が 500 ms の純音，標準音が 25 ms の 1 000 Hz の純音，その後に聴取者が周波数を変化させて標準音とピッチマッチングを行う比較音（純音）を提示した。マッチング実験の結果，先行音の周波数によってピッチシフトの方向が変わるが，先行音と離れる方向にシフトすることが示された。先行音と標準音との時間間隔が 10 ms 以下では，ピッチシフトは 10 〜 20 Hz にもなる。また，先行音の持続

4.5 他音の存在によるピッチシフト

時間が長くなると概してピッチシフトの幅は大きくなり，先行音と標準音との時間間隔が長くなると先行音の影響は小さくなり，500 ms を超えると影響はほとんどなくなる。

一方，Ebata ら（1984）も標準音を 1 000 Hz，20 ms の純音，先行音の持続時間は 300 ms の純音として同様な実験を行った。その結果，先行音の周波数が標準音の周波数よりも高ければピッチシフトはプラス方向に，低ければマイナス方向にシフトした。この結果は，Rakowski and Hirsh（1980）の結果とはピッチシフトが逆方向になっている。また，ピッチシフトは概して 2 Hz 以下である。ただし，先行音の持続時間が約 300 ms を超えるとピッチシフトの方向が変化し，Rakowski and Hirsh（1980）の結果と同一方向のシフトになる。Rakowski and Hirsh（1980）の実験は調整法であったのに対して，Ebata ら（1984）の実験では恒常法を用いており，その影響があるのかもしれないが明確ではない。

第5章
複合音のピッチ

5.1 初期の聴覚理論 – 時間説と場所説の論争 –

　ピッチは，3.1 節で述べたように「聴覚にかかわる音の属性の一つで，低から高に至る尺度上に配列される」と定義されているが，本章では Plomp（1967）が採用しているように，「ピッチとは音が音階（musical scale）上に配列される聴覚の属性である」と少し狭い意味で使うことにする。すなわち，音色的ピッチではなく，旋律（音程）を構成することができる音楽的ピッチの意味で使用する。

　純音のピッチは周波数がほぼ 20 Hz 〜 20 kHz の範囲で知覚される（4.1 節参照）が，旋律を構成することの可能な音楽的ピッチの範囲はほぼ 30 Hz 〜 5 kHz である。ただこの周波数上限については議論がある（3.3.2 項参照）。

　複合音のピッチの感覚は，音響波形の周期という時間情報によって生じるのか，あるいは波形をフーリエ分析して得られる周波数成分が実際に存在することによって生じるのかという問題は古く 1840 年代から議論された。Seebeck は，音源として，図 5.1 に示すような同心円上に等間隔に配列された小さな穴

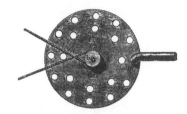

図 5.1　Seebeck の回転円盤
　　　　（Helmholtz, 1954）

5.1 初期の聴覚理論 – 時間説と場所説の論争 –

をもつ回転円盤（サイレン）を作り，この回転円盤に対して直角方向から管で空気流を吹きつけた．空気流は穴と穴の間で周期的に遮断され，この円盤は空気流が穴の上を通る1秒間当りの回数に対応した明確なピッチをもつ音を発生し，回転数を速くするとピッチは高くなった．このことから Seebeck は，ピッチは音響波形の周期，つまり時間情報によって支配されると解釈した．

これに対し Ohm は，複合音のピッチは音響波形の中に含まれる周波数成分の存在によってのみ知覚される（Ohm の音響法則）と考えていた．そこで彼は，Seebeck の回転円盤の発生する音波の波形をフーリエ分析し，波形の周期の逆数に対応する周波数成分を含んでいることを示し，ピッチは基本周波数成分の存在によって決定されると主張し，Seebeck の考えに反対した．

そこで Seebeck は，円盤に沿った穴の間隔を，t_1, t_2, t_1, t_2, …とそれぞれ交互に異なった値にした．この場合は，ピッチはただ一つだけ生じ，穴の間隔が等間隔（$T=t_1+t_2$）である円盤のピッチと等しくなった．また彼は，t_1 と t_2 を適切に選んで基本波成分が弱い複合音を作成したところ，この音のピッチは変わらなかった．そこで彼は，基本波成分の存在は必ずしも必要ではなく，音響波形の周期がピッチを支配していると主張して，Ohm の説に反対した．Ohm は，この現象は「音響的な錯覚（acoustical illusion）」によるものだという曖昧な答えで，この論争は解決を見ないままに終わってしまった．

それから約20年後に Helmholtz は，中耳が非線形特性をもち，これが複合音の基本周波数に等しい周波数の差音を耳内で発生させ，基本周波数に対応するピッチを発生させるのであると考えた．また彼は，基底膜は横方向に張られた多数の線維からなり（ハープの弦のように），それらの線維の長さは基底膜の長さ方向によって幅が異なるため，場所によって少しずつ異なり，したがって共鳴する周波数も異なり，異なった周波数の音に対しては異なった線維が共鳴して振動し，これが異なった聴神経を刺激して異なったピッチを発生させるのであると考え，Ohm の主張を支持した．Helmholtz の理論は**場所説**（あるいは場所理論；place theory）と呼ばれ，Seebeck の**時間説**（あるいは時間理論；temporal theory）に対抗した．その後数十年の間，場所説が支配的であった．

また，Helmholtz のこの理論は共鳴説あるいはハープ説などと呼ばれることもある。

これらのほかにもさまざまな理論が提案された。Rutherford（1886）は，10年ほど前に発明された電話器のように，聴覚系は単に音響信号を振動としてそのまま脳に伝え，脳で分析されるという考えを提案した。この考えを電話説（telephone theory）という。彼はカエルの運動神経が最高で 352 Hz の応答までしか確認できなかったが，聴神経ではもっと速い振動まで応答することを信じていた。

Wever and Bray（1930）は，1本の聴神経ではせいぜい数百 Hz までしかインパルスを生じることはできないが，それらが交互に音響刺激波形に同期してインパルスを発生すれば，それらをまとめることによって数千 Hz までの高い周波数まで同期することができると考えた。この考えを時間説の中の斉射説（volley theory）という。これらの説は，その後の聴覚生理学の発展によって現在では否定されている。

Fletcher（1924）は，基本周波数が 129 ～ 517 Hz の範囲の楽器音（ピアノ，ヴァイオリン，クラリネット，オルガンなど）や母音の基音や低次倍音をフィルタで除去した場合にそれらのピッチを純音のピッチと比較し，音色は変わるがピッチは変化しないことを見いだした。彼はこの結果を，Helmholtz と同様に聴覚の非線形特性によって基音が生じるためであると解釈した。Fletcher の研究により，いわゆる missing fundamental の問題（基音を除去してもピッチは変わらない）は場所説による説明のほうが強化され，この段階では Seebeck の時間説より Ohm-Helmholtz-Fletcher の場所説のほうが一般的に受け入れられていた。

この後は，ピッチ知覚と音のさまざまな物理的特徴との関連性を探求するために，電気工学やコンピュータ技術の発展に伴い，自然音から離れ，自然界には存在しないような人工的な複合音を対象にしてピッチ研究を行っていくことが主流になっていく。

5.2 レジデュー理論の出現

5.2.1 Schouten の実験

Helmholtz の発表以降，場所説が信じられていたが，その後オランダの Schouten は，差音の発生による場所説を否定する新しい実験結果を発表し，**レジデュー理論**（residue theory）という画期的な理論を発表した（Schouten, 1938, 1940a, b, c）。

彼は光学装置とサイレンを組み合わせて周期的パルス列音（調波複合音）を発生する装置を作成し，基本周波数を 200 Hz（周期 = 5 ms）とした複合音 A，基音成分を除去した複合音 B，基本周波数を 400 Hz とした複合音 C を合成した。**図 5.2** に，これらの音響波形とスペクトルを示す。この論文の重要な結果はつぎのように要約できる。

① 複合音 A は鋭い（sharp）音色をもっていた；
② 複合音 B のピッチは複合音 A のピッチと同じであった；

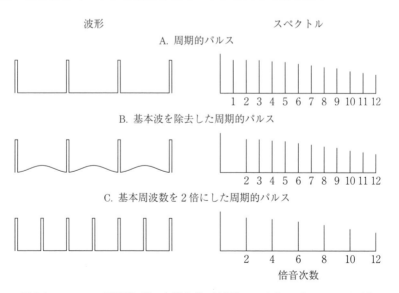

図 5.2 Schouten が実験に用いた複合音の波形とスペクトル（Schouten, 1938）

③　複合音Bに206 Hzの純音を加えたところ，従来の場所説によれば差音によって生じる200 Hzの純音との間に6 Hzのビート（うなり）が生じるはずであるが，ビートは聴こえないことが確認された；

④　複合音Cは複合音Bと最低周波数が同じであるが，ピッチは1オクターブ高かった；

⑤　注意を集中して複合音Aを聴くと，四つの音からなっているように知覚された。すなわち，200 Hzのピッチをもつ鋭い音色の音と，200 Hz，400 Hz，600 Hzの各純音（基音，第2倍音，第3倍音）を聴き取ることができた。これらの各音の聴こえ方は注意の集中度の強さに大きく依存した；

⑥　複合音Bは200 Hzのピッチをもつ鋭い音色の音（複合音Aの場合とほとんど同じ）と，400 Hzおよび600 Hzの各純音成分を聴き取ることができた；

⑦　しかしながら，複合音Cの場合は倍音を分離して聴き出すことはできなかった；

⑧　複合音Aと複合音Bが1オクターブ異なって知覚されることがときどきあったが，この現象は最低周波数の音に注意を集中したときのみに生じた。

これらの結果のうち，特に③のビートが生じなかったという事実は，耳内において倍音間の差音（＝200 Hz）が生じていないことを示したもので，差音による場所説を否定する重大な根拠となった。また周波数成分ではなく，音響波形の周期を手がかりにしてピッチを知覚しているに違いないと述べている。なお，⑦については，現在の知見では，基本周波数が高くなるに従って倍音は聴き取り難くなるが，基本周波数が400 Hzの場合には聴き取ることができる（例えば，Terhardt, 1971a）。

5.2.2　レジデュー理論

Schouten（1940a）は5.2.1項で述べた実験結果から，Ohmの音響法則によ

り,「耳は複合音を知覚可能ないくつかの低次倍音成分に分離することができ,これらの倍音成分は純音と同じ音色をもつ」と考えた。また,高次の倍音は分離して知覚することはできないが,まとまって一つのピッチをもった成分として知覚されると主張した。Schoutenは,これらの知覚的には分離されていない高次倍音群を**レジデュー**(residue;残余という意味)と呼び,高次倍音群によって生じるピッチ(＝基本周波数に対応するピッチ)を**レジデューピッチ**(residue pitch)と呼んだ。レジデューピッチは,基音と同じピッチであるが,純音とは違って濁った鋭い音色をもっているので,音色によって区別できると述べている。

またSchouten (1940b) は,基底膜を模擬したフィルタ群に周期的パルス列音を入力した場合の各フィルタの出力波形を観測した。**図5.3**にその結果を示す。横軸は時間,縦軸はフィルタの共振周波数を音刺激の倍音次数で表現している。この図によれば,共振周波数がパルス列音の基本周波数や第2倍音に対応する低いフィルタの出力波形は正弦波になっているが,共振周波数が高いフィルタの出力は複数の高次倍音が混じり合い,パルス列音の基本周波数の周期でフィルタを通過した高い周波数の振動を繰り返している。彼は,この高い共振周波数の出力時間パターンに現れる周期がレジデューピッチの原因になっていると考えた。

なお,Schoutenによって提唱されたレジデューピッチは,当初は上記のように分解されない部分音群によって生じる鋭い濁った音色をもつピッチの呼称であった。のちにde Boer (1976) は,レジデューを二つのタイプに分けた。すなわち,成分間の周波数間隔が狭いレジデュー(narrow residue)と広いレジデュー(wide residue)である。前者は各成分が十分に分解されないので位相の影響を受け,また濁った鋭い音色となる。後者は各成分が分解されるので位相による影響を受けず,音色はもっと滑らかな感じになる。そこでde Boerは,レジデューピッチという用語を,周波数成分が分解されるかどうかに関係なく,複数成分の結合によって生じたピッチの知覚に対する呼称として使用するように提案した。現在では,複合音の基本周波数に対応するピッチ(基音が

94 5. 複合音のピッチ

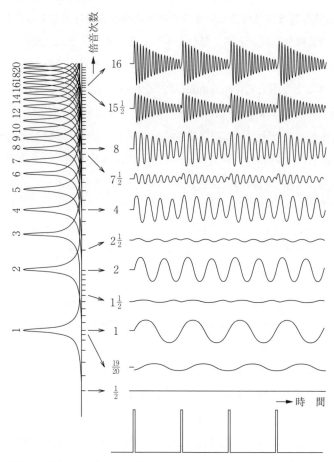

図5.3 基底膜を模擬したフィルタ群に周期的パルス列音を入力した場合の各フィルタの出力波形（Schouten, 1940b）

除去されていても）は研究者によって異なるが，residue pitch のほかに，pitch of complex tone, low pitch, overall pitch, global pitch, holistic pitch, repetition pitch, synthetic pitch, virtual pitch などの用語が用いられている。

5.2.3 複合音の成分の周波数シフト実験

Schouten（1940c）は，ピッチが差音から生じた基音によって決定されるのではないことをさらに示す実験と考察を行った。当時すでに知られていた変

調・復調の通信技術（変調周波数と復調周波数をわずかに変えると各周波数成分をその変化分だけシフトさせることができる）を用い，音楽レコードのすべての周波数成分をわずかではあるが一定値だけ高くすると，ピッチが全体的にわずかだけ上昇することを見いだした。もしピッチが差音によるものならば，全部の周波数成分を一定値だけ高くしても差音の周波数は変化しないので，ピッチは上昇しないはずである。もっとも全周波数成分の周波数シフトの幅が大きくなると調波複合音の楽音らしさが失われ，不自然な音になってくる（Fletcher, 1924）。

また，基本周波数が 200 Hz でその 9，10，11 倍音（1 800 Hz，2 000 Hz，2 200 Hz）からなる調波複合音の各成分周波数を 40 Hz（中心周波数の 2%）ずつ上昇させると，各成分は 1 840 Hz，2 040 Hz，2 240 Hz となるが，この非調波複合音のレジデューピッチは 204 Hz（もとのレジデューピッチの 2% 上昇）となった。この説明として，この複合音は基本周波数が 204 Hz の複合音の 9，10，11 倍音（1 836 Hz，2 040 Hz，2 244 Hz）に近くなるからであると説明している。この説明は，聴覚は，通常は自然界に存在しない非調波複合音であっても，できるだけ自然界に存在する調波複合音として把握しようという特性をもつという発想に結びついているように思われる。この実験と考察の結果は，レジデューピッチは耳の非線形ひずみによって発生した差音（difference tone；倍音間の周波数間隔 = 200 Hz）によって生じたのではないことを明確に示したものである。

5.2.4 マスキング実験による場所説の否定

基音成分を除去した複合音のピッチが差音の存在によって生じたのではないということを示した実験として，Licklider（1954）は，基本周波数帯域を帯域雑音でマスクしても，高い周波数のいくつかの倍音成分だけで，基音に対応するピッチが生じることを示した。彼は，パルス列音を高域フィルタに通し，1 kHz 以上のみの成分からなる複合音を作成した。彼はそれらの複合音によって単純な旋律を作成したが，1 kHz 以下のマスキング雑音を同時に与えてもそ

の旋律は知覚された。このことは，実際に存在する高い周波数の倍音領域からピッチが生じていることを示すもので，Schouten の主張を強く支持するものである。

また Thurlow and Small（1955）は，基本周波数が 100 Hz のパルス列音を中心周波数が 5 000 Hz の帯域フィルタを通した複合音と純音のピッチマッチング実験を行った。ここで，差音が生じないように，複合音の感覚レベルを 10 dB という低い値に設定した。その結果，3 人の聴取者は純音の周波数をおおよそ 100 Hz に合わせた。つぎに，基音成分に対するマスキング音として，中心周波数が 100 Hz で帯域が 80 ～ 130 Hz の帯域雑音を同時に与えても，3 人の聴取者は 100 Hz に対応するピッチを聴き取り，純音周波数をおおよそ 100 Hz に合わせた。

これらの研究により，耳内の非線形ひずみによって基音に対応する周波数成分が生じなくても，基音に対応するレジデューピッチの生じることが明らかになり，場所説の立場は否定された。

5.2.5 振幅変調音によるピッチ知覚実験

De Boer（1956a, b）は，Schouten（1940c）の行った振幅変調音を用いたと同様の実験をキャリア周波数 f や変調音の周波数を小刻みに変化させて行った。この場合の変調音は，基音から第 3 倍音までの調波複合音からなっている。変調音の基本周波数を g とすると，振幅変調音は周波数が $f-3g$, $f-2g$, $f-g$, f, $f+g$, $f+2g$, $f+3g$ の各成分からなる 7 成分の調波複合音になる。またキャリア周波数を Δf だけ上昇シフトさせると，各成分の周波数は Δf だけ高くなる。

まず，変調音の基本周波数 g を 200 Hz 一定とし，キャリア周波数 f を 2 000 Hz から 2 200 Hz を含む範囲で 10 Hz おきに変化させた各振幅変調音のピッチを，調波複合音のピッチとマッチングさせる方法で振幅変調音のピッチを測定した。この場合のマッチング音は，純音ではあまりにも音色が違い過ぎてマッチングが難しいので，近い音色にするために，スペクトル構造の類似し

た7成分の振幅変調音（調波複合音）とした。マッチング実験の結果は，図5.4に示すように，fを変えるとマッチングする周波数はほぼ191 Hzから212 Hzまで変化した。例えば，f（$=2\,000$ Hz）を30 Hzだけ上昇させると各周波数成分はそれぞれ30 Hz上昇するが，この場合のレジデューピッチはほぼ変化分に比例して上昇し，ほぼ203 Hzとなった。また，fが2 100 Hz（gの10.5倍）のときには，ピッチは聴取者の注意の集中の仕方により200 Hzよりやや高くなるかまたは低くなり，二分化された。

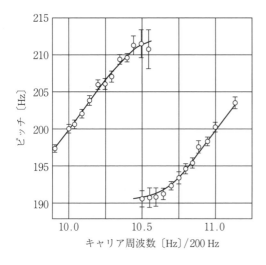

図5.4 キャリア周波数を変化させたときの振幅変調音のピッチの変化（de Boer, 1956a）

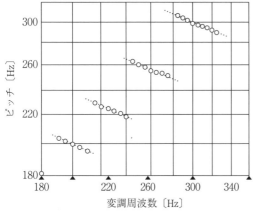

図5.5 変調周波数を変化させたときの振幅変調音のピッチの変化（de Boer, 1956a）

さらに f を 1 800 Hz 一定とし，g を 190～330 Hz の範囲で変化させた各振幅変調音のピッチを調べたところ，図 5.5 に示すように，g が f の整数分の 1 のときにピッチは g の値に一致したが，g がその付近の周波数の場合には，g の上昇に従ってピッチはわずかではあるが系統的に低下（右下がり）した．

5.2.6 ピッチシフトの第 1 効果と第 2 効果

前述したように（5.2.3 項，5.2.5 項参照），Schouten（1940c）や de Boer（1956a, b）は，振幅変調音の周波数成分すべてを周波数軸上でわずかな周波数 Δf だけ上昇シフト（つまり変調周波数を Δf だけ上昇）させると，レジデューピッチはおおよそ Δf に比例して上昇（ピッチシフト）することを見いだした．すなわち，ピッチの上昇分 Δp は近似的に次式で表現できる．

$$\Delta p = \frac{\Delta f}{n} \tag{5.1}$$

ここで，n は周波数シフト前のキャリア周波数 f を変調周波数 g で割った値（= f の倍音次数）である．

Schouten ら（1962）は振幅変調音を用い，キャリア周波数 f を広範囲に変化させてレジデューピッチの知覚実験を行った．彼らは変調周波数 g を 200 Hz 一定とし，キャリア周波数（= 中心周波数）を 1 200 Hz から 50 Hz きざみで 2 400 Hz まで変化させた各振幅変調音のピッチを心理実験により調べた．マッチング音はやはり音色の近い音にするために周波数帯域の近い 3 周波成分の調波複合音（振幅変調音）とした．図 5.6 に，3 人の聴取者がそれぞれ 12 回のマッチングを行った結果を示す．横軸はキャリア周波数，縦軸はレジデューピッチにマッチングされた調波複合音の基本周波数で，実線は実験データに最も良く適合する直線である．＋印は実験データのクラスタの平均値である．破線は式 (5.1) で表される振幅変調音が Δf にほぼ比例してピッチが上昇する現象を示す．Schouten らは，破線で示されるこの現象を**ピッチシフトの第 1 効果**（the first effect of pitch shift）と呼んだ．

また実際には図 5.6 で示されるように，破線で示される直線と実験データ

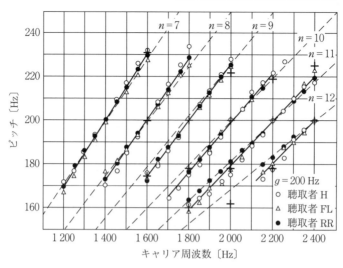

図 5.6 キャリア周波数を変化させたときの振幅変調音（$g=200\,\mathrm{Hz}$）のピッチの変化（Schouten, et al., 1962）

（実線）の間にはわずかな食い違いが見られる．Schouten らは，この食い違いを**ピッチシフトの第 2 効果**（the second effect of pitch shift）と呼んだ．ピッチシフトの第 2 効果は，のちに Smoorenburg（1970）や Patterson（1973）によって確認されている．なお，1962 年の段階ではピッチシフトの第 2 効果の原因は解明されていなかったが，後述するように，のちに Smoorenburg（1970）は，結合音の発生がピッチシフトの第 2 効果の原因であることを示した．

さらに振幅変調音のピッチとしては，一つだけでなく三つあるいは四つのピッチを聴き取ることが可能なことも示された．これらに近い値は式 (5.1) の n の値を変えることによって得られる．また彼らは，**図 5.7** に示すような振幅変調音の波形の隣接する変調周波数周期間のピーク間隔 T_1, T_2, T_3 などの逆数として振幅変調音のピッチが決定される可能性についても考察している．これらのピーク間隔の値は，n を変えたときの低調波の値にほぼ一致している．Schouten らの理論は時間説に属し，**微細構造理論**（fine structure theory）と呼ばれている．心理実験結果は，波形のピーク間隔にわずかではあるが系統的に食い違っているが，これはピッチシフトの第 2 効果に対応している．

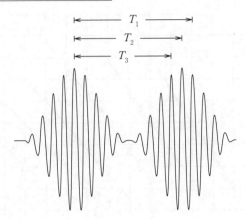

図 5.7 振幅変調音波形と隣接する変調周波数周期間のピーク間隔

　さらに，Schouten らはキャリア周波数を 2 000 Hz 一定にし，変調周波数を 180〜220 Hz の範囲で変化させた振幅変調音のピッチを調べた．その結果は変調周波数の上昇とともにピッチがわずかに低下している．これは de Boer (1956a) による図 5.5 に対応するもので，ピッチシフトの第 2 効果によるものである．

　また杉本・越川・中村 (1960) は，繰り返し周波数 f_0 ($=200$ Hz) のパルス列音を共振周波数 f_r ($=1$ kHz，2 kHz) の共振回路 ($Q=100$) を通過させて f_r 付近の周波数成分を強調した複合音のすべての成分を Δf だけ変化させ，純音とのピッチマッチングを行ったところ，$-0.5 < \Delta f / f_0 < 0.5$ の範囲でピッチの変化幅 Δp はほぼ

$$\Delta p = \left(\frac{f_0}{f_r}\right) \Delta f \tag{5.2}$$

で近似される値となった．この式は式 (5.1) と構造が同じで，ピッチシフトの第 1 効果を示している．

5.2.7　レジデューピッチの存在領域

　Ritsma (1962) は，3 成分振幅変調音が変調周波数 g，キャリア周波数（=

中心周波数）f および変調度 M を変えたときに，どの範囲でレジデューピッチが知覚されるかについて実験を行った．図 5.8 に，その結果の 1 例を示す．

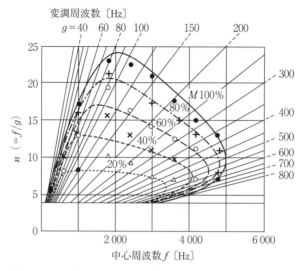

図 5.8 さまざまな変調度 M に対する振幅変調音のレジデューピッチの知覚範囲（Ritsma, 1962）

概して 3 成分の中心周波数の倍音次数が大きくなるに従い，また変調度が低くなるに従ってレジデューピッチが聴き取り難くなった．変調度を 100% としたときのレジデューピッチのおおよその可聴周波数領域は，変調周波数は 50 〜 800 Hz，キャリア周波数は 5 000 Hz 以下，倍音次数では 20 〜 25 次以下であった．倍音次数がもっと高くなると音色はかん高いが，ピッチのはっきりしないバズ音になった．

また江端・曽根・二村（1972）は，4 次以上の倍音しか含まない 2 オクターブ帯域の調波複合音のピッチは，基本周波数がほぼ 800 Hz が知覚限界であることを示した．この実験結果は Ritsma（1962）の結果と一致している．

5.2.8　結合音によるピッチシフトの第 2 効果の説明

De Boer は 7 成分複合音で，また Schouten らは 3 成分複合音についてレジ

デューピッチの知覚実験を行ったが，Smoorenburg（1970）は2成分複合音を用いてレジデューピッチの実験を行った．彼はまず，1 800 Hz と 2 000 Hz の周波数からなる2成分周波複合音と 1 750 Hz と 2 000 Hz からなる2成分複合音のピッチ間の比較実験を42人の聴取者により行った．前者および後者の基本周波数はそれぞれ 200 Hz，250 Hz である．前者が高いという判断は部分音（1 800 Hz と 1 750 Hz）の周波数に基づき，後者が高いという判断は基本周波数（200 Hz と 250 Hz）に基づくと考えられる．実験の結果，判断は分かれたが，おおよそ半数の聴取者は後者を高いと判断した．また，2回の実験で異なる判断をした聴取者もいた．

基本周波数の高いほうのピッチが高いと判断した聴取者の中の2人の聴取者について，800 Hz から 2 800 Hz までの純音とそれらよりも 200 Hz だけ高い成分からなる2成分複合音の 200 Hz 付近のピッチを調べた．マッチング音は音色の近い2成分調波複合音である．**図 5.9** に，2人の聴取者の結果を示す．横軸は2成分の低いほうの周波数 f_1，縦軸はマッチングした2成分調波複合音の基本周波数である．2本の右上がりの直線は f_1 と f_2（$=f_1+200$ Hz）に対するピッチシフトの第1効果の式 (5.1) に示す予測値である．ただし，$n=f_1/200, f_2/200$ である．この結果によれば，ピッチシフトの第2効果は f_1 と

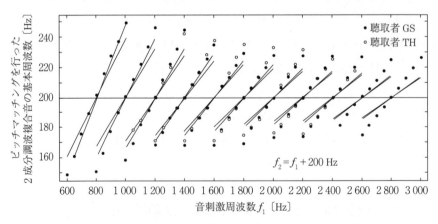

図 5.9　2成分複合音のレジデューピッチ（Smoorenburg, 1970）

f_2が高くなるに従って予測値から大きく離れより明瞭に現れている。彼は，$f_1-k(f_2-f_1)$のタイプの結合音（5.3.2項参照）によってf_1よりも低い周波数成分が生じることにより，この現象を説明した。

なお，Patterson and Wightman（1976）は，6成分あるいは12成分調波複合音において，ピッチシフトの勾配が倍音次数が高くなるほどゆるやかになることを見いだした。これはSmoorenburg（1970）の図5.9と同傾向である。

5.3 差音と結合音

5.3.1 聴覚の非線形特性による結合音の発生

結合音（combination tone）は，聴覚系の非線形特性によって生じ，複合音のピッチの決定に重要な役割を果たしている。結合音とは二つ以上の純音が同時に耳に加わったときに，それらの成分の結合により生じる純音をいう。結合音は聴覚系の中で生じるものであるが，外界から入ってくる音と同様に知覚され，外界からの音とうなりを生じたりマスクされたりすることもある。さらに特定の結合音と同じ周波数の純音を外から加え，結合音の位相と外から加える純音の位相が逆位相になると，結合音が消失することもある。

いま二つの純音刺激が耳に入ってくるとすれば，その音響波形$p(t)$は

$$p(t) = A_1\cos 2\pi f_1 t + A_2\cos 2\pi f_2 t \quad (f_1 < f_2) \tag{5.3}$$

ここで，f_1およびf_2は各純音の周波数，A_1およびA_2は振幅，tは時間である。

聴覚系の非線形特性を

$$d = a_1 p(t) + a_2 p^2(t) + a_3 p^3(t) + \cdots \tag{5.4}$$

とすると，2次の項によって生じる成分は

$$\begin{aligned}
p^2(t) &= (A_1\cos 2\pi f_1 t + A_2\cos 2\pi f_2 t)^2 \\
&= \frac{1}{2}A_1^2 + \frac{1}{2}A_2^2 + \frac{1}{2}A_1^2\cos 2\pi 2f_1 t + \frac{1}{2}A_2^2\cos 2\pi 2f_2 t \\
&\quad + A_1 A_2\cos 2\pi(f_1+f_2)t + A_1 A_2\cos 2\pi(f_2-f_1)t
\end{aligned} \tag{5.5}$$

となる。すなわち，2次の項は，$2f_1$, $2f_2$, f_1+f_2, f_2-f_1 の周波数の結合音を発生させる可能性がある。

また，3次の項によって生じる成分は

$$p^3(t) = (A_1\cos2\pi f_1 t + A_2\cos2\pi f_2 t)^3$$

$$= \left(\frac{3}{4}A_1^3 + \frac{3}{2}A_1A_2^2\right)\cos2\pi f_1 t + \left(\frac{3}{4}A_2^3 + \frac{3}{2}A_1^2A_2\right)\cos2\pi f_2 t$$

$$+ \frac{1}{4}A_1^3\cos2\pi 3f_1 t + \frac{1}{4}A_2^3\cos2\pi 3f_2 t$$

$$+ \frac{3}{4}A_1^2A_2\cos\pi(2f_1+f_2)t + \frac{3}{4}A_1A_2^2\cos2\pi(f_1+2f_2)t$$

$$+ \frac{3}{4}A_1^2A_2\cos2\pi(2f_1-f_2)t + \frac{3}{4}A_1A_2^2\cos2\pi(2f_2-f_1)t \quad (5.6)$$

となる。すなわち，3次の項は，$3f_1$, $3f_2$, $2f_1+f_2$, f_1+2f_2, $2f_1-f_2$, $2f_2-f_1$ の周波数の結合音を発生させる可能性がある。

また，式 (5.5) および式 (5.6) からも示唆されるように，n 次の項は周波数が $|pf_2 \pm qf_1|$，振幅が $A_1^p A_2^q$（ただし，$n=p+q$）であるような周波数成分を発生する。ただし，これらの成分は結合音としてすべてが知覚されるわけではない。2次の項で生じる周波数 f_2-f_1 の結合音を**差音**（difference tone），3次の項で生じる周波数 $2f_1-f_2$ の結合音を**3次の結合音**（cubic difference tone）と呼ぶ。また一般的に3次以上の項で生じる結合音のうち，周波数が $f_1-k(f_2-f_1)$（$k=1, 2, 3, \cdots$）のタイプの結合音，つまり $k=1, 2, 3, \cdots$ など小さい正整数に対応する $2f_1-f_2$, $3f_1-2f_2$, $4f_1-3f_2$ などの結合音が比較的明確に知覚される。ただし，結合音の知覚のされ方については個人差がかなり大きい。

5.3.2 結合音の可聴性

〔1〕 **差音の最小可聴値**　二つの純音を同時に聴いたとき，音圧レベルが十分に高ければ差音の生じることが古くから知られていたが，最小可聴値についてはよく知られていなかった。そこで Plomp (1965) は，二つの純音（周波

数：f_1, f_2；$f_1 < f_2$）をそれぞれ別のスピーカーから同じ感覚レベルで聴取者に提示し，周波数差 f_2-f_1 を 100 Hz, 200 Hz, 400 Hz として差音の最小可聴値を測定した。2 純音の平均周波数を $3.5(f_2-f_1)$〔Hz〕～ 8 000 Hz というかなり広い範囲にわたって調べた結果を要約すると

① 4 人の聴取者のデータは広い範囲に散らばり，個人差が大きい；
② 30 dB 以下の低い感覚レベルでは，差音はほとんど聴き取れない；
③ はじめに与える 2 純音の音圧が 51 ～ 57 dB（標準偏差 11 dB）を超すと差音が聴こえ始める。

〔2〕 $f_1-k(f_2-f_1)$ のタイプの結合音の最小可聴値　　このタイプの結合音は比較的よく聴こえるので，Plomp (1965) は差音とともに $2f_1-f_2$ および $3f_1-2f_2$ のタイプの結合音の最小可聴値を 18 人の聴取者について調べた。周波数差が大きくなると結合音は聴こえ難くなるので，$f_1 = 800$ Hz, $f_2 = 1 000$ Hz として測定した結果，差音（= 200 Hz）については 54.0 dB, $2f_1-f_2$ の結合音（= 600 Hz）については 40.3 dB, $3f_1-2f_2$ のタイプの結合音（= 400 Hz）については 57.1 dB となった。ただし，標準偏差は大きく，11 ～ 15 dB 程度もあった。この結果は，$2f_1-f_2$ の結合音の最小可聴値が最も低いことを示している。

〔3〕 音圧レベルと周波数比を変えた場合の変化　　2 音の音圧や周波数比を変えたときに結合音の聴こえ方がどのように変わるかを調べるための実験として，Plomp (1965) はさらにつぎのような実験を行った。

f_1 は 1 000 Hz に固定し，f_2 は 1 000 ～ 3 000 Hz の間で可変とした。音圧レベルは 40 ～ 80 dB の間で 10 dB ステップの 5 段階とした。実験者が与えた f_2 に対して，4 人の聴取者は聴こえた音に周波数を合わせた。実験者は結合音の可能性のある表を手元にもっており，これと比較しどの結合音と対応するかを調べた。その結果によれば

① 一般に，音圧レベルが高くなるに従って多くの結合音が聴こえるようになった；
② すべての聴取者に聴き取ることのできた結合音の周波数は，f_2-f_1, $2f_1-f_2$, $3f_1-2f_2$ だけであった；

③ ②の3種類以外の結合音は聴取者によって聴こえたり聴こえなかったりして個人差が大きかった；
④ 音圧レベルを低くし，40 dB の場合でさえもすべての聴取者が $2f_1-f_2$ の結合音のみは聴き取ることができた；
⑤ 2音の周波数比が小さい場合（$f_2<1.5f_1$）のほうが，大きい場合（$f_2>1.5f_1$）よりも多くの結合音を聴き取ることができた；
⑥ 2音の差が1オクターブを超えた場合（$f_2>2f_1$）に差音を聴き取れたのはただ1人だけであった；
⑦ 加音（f_1+f_2）を聴き取ることのできた聴取者は1人もいなかった。

などのことが明らかになった。

$2f_1-f_2$ の結合音について，Smoorenburg (1972) が調べた結果によれば，最小可聴値は二つの純音とも感覚レベル 15 〜 20 dB とずいぶん低い値になった。また f_1 の感覚レベルを 40 dB としたときには，f_2 の感覚レベルをわずかに 4 dB としただけでこの結合音が知覚された。さらに，$f_1-k(f_2-f_1)$ のタイプの結合音は，$k=5$ あるいは 6 まで知覚することができた。

5.3.3 結合音の大きさ

結合音に等しい周波数の純音を聴取者に第3の音として聴かせた場合，聴取者がその音の振幅と位相を調整し，振幅が等しく位相が逆になった場合に結合音が聴こえなくなる。このことを利用して結合音の大きさを測定する方法がある（Zwicker, 1955）。結合音の消去のための純音を**消去音**（cancellation tone）と呼ぶ。

このような方法で Goldstein (1967, 1970) は，$f(k)=f_1-k(f_2-f_1)$ のタイプの結合音3種と差音の大きさを測定した。

これらの実験データを要約するとつぎのようになる。

① $2f_1-f_2$, $3f_1-2f_2$, $4f_1-3f_2$ の結合音の大きさは最初に与える2純音の周波数比（f_2/f_1）の増加とともに急激に減少する。また，この順に大きさも減少する；

② $2f_1-f_2$ の結合音は，2純音の感覚レベルが20～30 dBから聴こえ始め，感覚レベルの上昇とともに大きくなり，f_2/f_1 が小さければ差音よりも大きい；

③ 差音は2純音の感覚レベルが約50 dBから聴こえ始め，感覚レベルの上昇とともに大きくなる。また，差音の大きさは f_2/f_1 の値にあまり影響されない。

なお，結合音の生理学的対応については，2.5.3項〔4〕に述べている。

5.4 総合的聴取と分析的聴取

5.4.1 総合的聴取と分析的聴取の区別

楽器音のような調波複合音を聴いたとき，通常は基本周波数に対応するピッチを知覚する。しかし特定の部分音に注意を集中すると，その部分音を聴き取ることができる場合がある（Schouten, 1938）。前者の聴き方を**総合的聴取**（synthetic listening）と呼び，そのときのピッチを**複合音のピッチ**（pitch of complex tone）あるいは**総合的ピッチ**（synthetic pitch）などという。総合的ピッチは音響波形の周期の逆数（＝基本周波数）に対応するピッチである（5.2.2項参照）。後者の聴き方を**分析的聴取**（analytic listening）と呼び，知覚されたピッチを**分析的ピッチ**（analytic pitch），**部分音のピッチ**（pitch of individual partials）などという。

5.4.2 聴覚フィルタ

聴覚末梢系は，帯域の重なり合う帯域通過フィルタがそれらの中心周波数の順に並んで聴覚の周波数分析を行っていると考えられており，これらの仮想的なフィルタは聴覚フィルタと呼ばれている。聴覚フィルタの帯域幅を**臨界帯域幅**（critical bandwidth, CB）と呼んだり（Zwicker and Terhardt, 1980）あるいは**等価矩形帯域幅**（equivalent rectangular bandwidth, ERB）と呼んだりしている（Moore and Glasberg, 1983）。それらの帯域幅は，中心周波数を f〔kHz〕と

すれば，それぞれ

$$\text{CB〔Hz〕} = 25 + 75(1 + 1.4f^2)^{0.69} \tag{5.7}$$

$$\text{ERB〔Hz〕} = 6.23f^2 + 93.39f + 28.52 \tag{5.8}$$

と表現される。

図 5.10 に，CB を点線で，ERB を実線で示す。概して CB のほうが ERB より広く，また 500 Hz 以下では CB はほぼ一定に近くなるが，ERB は単調に狭くなるところなどが異なっている。

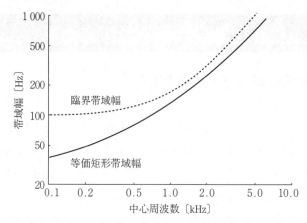

図 5.10 聴覚フィルタの臨界帯域幅と等価矩形帯域幅の比較
（Moore and Glasberg, 1983）

ここで**図 5.11** に，聴覚フィルタの等価矩形帯域幅を使って，基本周波数が 200 Hz で基音から第 12 倍音までを等振幅で含む複合音が入力されたときの興奮パターンを計算した結果を示す（Moore and Glasberg, 1983）。横軸は等価矩形帯域番号で，基底膜の場所軸に対応する。図 5.11 から，興奮パターン上で観測すると，倍音が高次になるほど隣接倍音間の分離性が悪くなることがわかる。つまり，低次倍音は分離して聴き取りやすいが，高次倍音になるほどそれだけを分離して聴き取ることが困難になることが予測される。

なお，式（5.9）は 1990 年に改訂されたもの（Glasberg and Moore, 1990）で，式（5.8）に比べて 4 kHz 以上で値がわずかだけ小さくなっている。

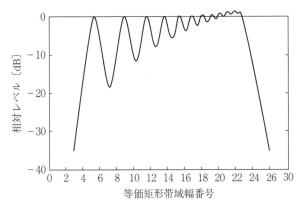

図 5.11 等価矩形帯域幅から計算された 12 成分複合音（基本周波数 = 200 Hz）の興奮パターン（Moore and Glasberg, 1983）

$$\text{ERB}〔\text{Hz}〕= 24.7(4.37f + 1) \tag{5.9}$$

ただし，f の単位は式 (5.8) と同じく kHz である．

5.4.3 部分音の分解性

複合音中のある周波数成分（部分音）が「分解される (resolved)」とは，その成分を分離して聴き取る (hear out) ことができる場合をいう．複合音を聴くときに，注意を集中すれば低次の倍音を聴き取ることが可能なことは，Ohm や Helmholtz の時代にすでに知られていた．

Plomp (1964) は，基音周波数が 44〜2 000 Hz の範囲でそれぞれ基音から第 12 倍音までからなる複合音の各倍音が基音からどの倍音まで聴き取ることが可能かを調べた．2 人のよく訓練された聴取者が，実験に用いる複合音を聴き，またつぎの二つの純音，すなわち複合音中のある倍音と同じ周波数の純音 (A) およびその倍音と隣接した倍音の中間の周波数の純音 (B) を聴き，複合音が A あるいは B のどちらの純音を含んでいるかを判断した．聴取者の正答率は，基音から第 4 倍音まではほぼ 100% に近かった．**図 5.12** は，実験結果（聴取者 2 人の平均）を示す．横軸は基本周波数，縦軸は聴き取ることのできた部分音の数であるが，●印は 75% 点，縦軸方向の範囲は正答率が 58〜92

110   5. 複合音のピッチ

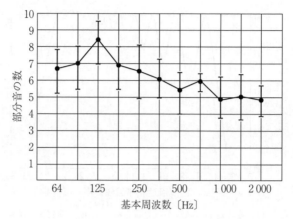

図 5.12 調波複合音の中から聴き取ることの可能な部分音の数（Plomp, 1964）

％の範囲（標準偏差）を示す。すなわち，このような実験条件ならばおおよそ第5～第7倍音まで分離して聴き取ることができた。ただし基音が44 Hzの場合は，基音だけしか聴き取ることができなかった。のちに聴取者を増やして同様な実験を行った結果，隣接音の周波数間隔がほぼ臨界帯域幅を超えたときのみに部分音が分離して聴き取ることが可能になることを見いだした（Plomp and Mimpen, 1968）。なお，基本周波数が100 Hzおよび200 Hzの場合に，複合音中の特定の成分をon-off（音を出したり消したり）すると，第9～第11倍音までは75％の正答率で聴き出すことができた（Bernstein and Oxenham, 2003）という報告もある。

　マスキング現象とは，目的とする音の聴取がほかの音の存在によって妨害される現象で，マスキングは閾値の上昇の量〔dB〕によって量的に表現される。目的とする音を信号音あるいはマスキー（maskee），妨害音をマスカー（masker）という。マスキング現象が生じる主な原因は，マスカーによる興奮パターンの中にマスキーの興奮反応が埋没することであると考えられる（Moore, 1989）ので，持続時間の短いさまざまな周波数の純音を信号音としてその閾値の周波数特性を測定すれば，マスキングパターンが得られる。した

がって，このマスキングパターンは心理物理的な興奮パターンとみなすこともでき，この興奮パターンは音刺激のスペクトルの内的表現と考えることもできる。

順行性マスキング（forward masking）とは，マスカーが後続する信号音をマスクする現象である。マスカーと信号音（短い純音）の時間間隔がきわめて短い場合には，マスカーに対する神経系の興奮がすぐには消失しないので，順行性マスキングの周波数特性をそのマスカーの興奮パターンとみなすことができる。Plomp（1964）は，基本周波数が500 Hzで基音から第12倍音までの12成分からなる複合音の順向性マスキングパターンを調べた。図5.13は，200 msの複合音の直後に，20 msの300〜4000 Hzの範囲の純音を聴いたときのマスキングパターンである。この結果によれば，基音から第5倍音までに対しては興奮パターンが明確に分離して観察され，第5倍音までは聴覚的に分解可能であるという裏付けになっている。

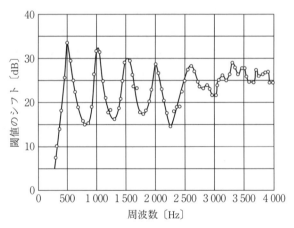

図5.13 20 msの純音に対する12成分複合音の順行性マスキングパターン（Plomp, 1964）

Moore and Glasberg（1983）は，基本周波数を100 Hz，200 Hz，400 Hzとした基音から第10倍音までの調波複合音のマスキングパターンを，信号音（純音）の持続時間を10 ms，20 ms，40 msとして調べた。その結果，マスキング

パターン上で最初の第3～第4倍音までは明確なピークが見られた。それ以上の倍音については，ピークは3dB以下と不明確になった。

Moore and Ohgushi (1993) は，中心周波数を1kHzとし5～11の部分音からなる非調波複合音を，隣接成分間の周波数間隔をそれぞれ，0.75，1.0，1.25，1.5，2.0 ERBとして，各部分音の分解性（聴き取りやすさ）がどのように変化するかを調べた。聴取者は各部分音よりも4.5%高いかあるいは低い純音を聴き，続いて複合音を聴き，複合音中の最も近い成分とピッチを比較してどちらが高いかを二肢強制選択法（two-alternative forced choice task, 2AFC法）により判断した。その結果，周波数間隔が広くなるほど正答率は高くなるが，1.25 ERBのときに部分音が75%以上の正答率で聴き取ることのできることが明らかになった。なお，高低両方の端の成分についてはマスキングの影響が少なくなるので，正答率は大きく上昇した。

5.4.4　総合的聴取か分析的聴取か？

調波複合音を何気なく聴いたときに常に総合的ピッチを知覚するわけではない。例えば複合音の周波数成分が少ないときには，特に意識しなくても自然に分析的聴取を行って分析的ピッチを知覚する傾向がある。

Smoorenburg (1970) は，2周波成分音f_1およびf_2からなる調波複合音を用いて興味ある実験を行っている。$f_1 = 1\,750$ Hz, $f_2 = 2\,000$ Hzの第1音と$f_1 = 1\,800$ Hz, $f_2 = 2\,000$ Hzの第2音のピッチを延べ84人の聴取者に交替に提示して比較させ，どちらの音が高いかを判断させた。第1音は基本周波数が250 Hzでその第7，第8倍音からなり，第2音は基本周波数が200 Hzでその第9，第10倍音からなっている。実験結果によれば，35人は第1音が高いと判断し，32人は第2音が高いと判断し，また残りの17人は第1音が高いと判断したり第2音が高いと判断したり，判断に一貫性がなかった。ここで第1音を高いと判断した聴取者はこの音の基本周波数（=250 Hz）に着目した総合的聴取を行い，第2音が高いと判断した聴取者は部分音に着目した分析的聴取を行ったわけである。この実験では，総合的聴取と分析的聴取の割合はほぼ等し

5.4 総合的聴取と分析的聴取

くなっている。

大串（1976a）は，キャリア周波数を 2 000 Hz とし，変調周波数をそれぞれ 333 Hz, 400 Hz, 500 Hz とした3種類の振幅変調音と純音のピッチの高低判断実験を行った。一つの振幅変調音に対して，純音の周波数を 250 Hz（つまり純音のピッチが振幅変調音のピッチより低い）から上昇方向に 50～100 Hz ステップで変化させて，ピッチの高低判断が等しくなる（あるいは逆転する）おおよその周波数を求めた。さらに，2 500 Hz（つまり純音のピッチが振幅変調音のピッチより高い）から下降方向に 50～100 Hz ステップで変化させて同様の実験を行った。表 5.1 に，その結果の1例（変調周波数=400 Hz のとき）を示す。表 5.1 は純音の周波数の上昇あるいは下降変化に対してピッチが等しくなった（あるいは逆転した）周波数の頻度を示しており，上昇変化では基本周波数あるいは第2倍音（振幅変調音中にはいずれもそれらの周波数成分は存在しないが）でピッチが等しくなり，下降変化では第4倍音あるいは第2倍音において周波数が等しくなっている。すなわち，ピッチの高低判断結果には文脈効果が存在し，また基本周波数の整数倍の周波数の純音がしばしばピッチとして知覚される（5.5.1 項参照）。

表 5.1 振幅変調音（キャリア周波数=2 000 Hz, 変調周波数=400 Hz）に対して純音周波数を上昇あるいは下降変化させた場合，ピッチが等しくなった（あるいは逆転した）周波数の頻度（大串，1976a）

ピッチが等しい（あるいは逆転）と判断された周波数〔Hz〕	変調周波数=400 Hz	
	上昇変化	下降変化
400	16	0
800	7	8
1 200	1	0
1 600	0	16

Hartmann（1993）は，アメリカ音響学会の支援により出版された CD（Houtsma, et al., 1987）に収録されている2成分複合音を用い，彼の大学の教室でクラス 137 人について，上述の Smoorenburg（1970）と同様の実験を行っ

た。第1音は $f_1 = 800$ Hz, $f_2 = 1\,000$ Hz, 第2音は $f_1 = 750$ Hz, $f_2 = 1\,000$ Hz からなり，第1音，第2音の順序で再生した。聴取者は，ピッチが上昇したか下降したかの判断を挙手によって示した。その結果は上昇という判断が114人，下降という判断が14人で，その他の9人はどちらとも判断ができなかった。この実験では，分析的聴取のほうが総合的聴取よりも約8倍も多くなっており，Smoorenburg (1970) の結果とは傾向が異なっている。この実験では，第1音は基本周波数が200 Hzでその第4，5倍音からなり，第2音は基本周波数が250 Hzでその第3，第4倍音からなっており，Smoorenburg (1970) の実験に比べて低次の複合音を用いているので，部分音が分解しやすかったことが主な理由としてあげられる。

Houtsma and Fleuren (1991) は，同様に二つの2成分調波複合音を用い，ピッチが上昇するか下降するかを40人の聴取者が判断する実験を行った。基本周波数は200 Hzあるいは350 Hzとし，倍音次数をさまざまに変えて実験を行った結果，倍音次数が低い場合については分析的聴取による判断をする傾向が強いが，倍音次数が6次を超えると分析的聴取と総合的聴取による判断が同程度あるいは一貫しなくなる傾向が強くなった。この結果は，高次倍音について行った Smoorenburg (1970) の実験結果と低次倍音について行った Hartmann (1993) の結果を支持している。

5.4.5 聴取モードに及ぼす白色雑音の影響

Hall III and Peters (1981) は，低次倍音のみからなる2種類の非同時3成分複合音を聴取したとき，ピッチの判断は分析的聴取によってなされるが，白色雑音を重畳すると総合的聴取のモードになることを実験的に示した。この実験で用いた音刺激は，まず実験1では，持続時間が40 msの三つの周波数の異なる純音が10 msの無音区間をはさんで連続的に提示されたもので，つぎのような周波数で構成されている。

音刺激① 600-800-1 000 Hz 基本周波数 $f_0 = 200$ Hz の第3，4，5倍音

音刺激② 720-900-1 080 Hz $f_0 = 180$ Hz の第4，5，6倍音

音刺激は聴取者の右耳に感覚レベル50 dBで提示され（無雑音条件），また雑音提示条件では$S/N=6$ dBとかなり雑音を強くした。音刺激を500 ms離して6人の聴取者に提示し，聴取者はどちらの音がより低いかのピッチの高低判断を行った。そのときに，ピッチが二つ以上聴こえた場合は最低のピッチで判断するように指示した。その結果，無雑音条件では分析的聴取でピッチの高低判断が行われ，雑音条件では総合的聴取でピッチの判断が行われることが見いだされた。ついで行った実験2の音刺激はつぎのとおりである。

音刺激①　600-800-1 000 Hz　実験1とまったく同じ
音刺激②　650-850-1 050 Hz　音刺激①の各成分を50 Hzだけ高くしたもの

実験は，持続時間が140 msの純音とのピッチマッチングであった。もしレジデューピッチが知覚されるならば，音刺激①はほぼ200 Hzとなり，音刺激②はピッチシフトしてそれよりもわずかに高くなる（図5.6参照）ことが予想される。実験結果によれば，無雑音条件では音刺激①は600.5 Hz，音刺激②は649.6 Hzとほぼ最低成分周波数にマッチングされ，分析的聴取がなされた。一方，雑音条件では音刺激①は199.4 Hz，音刺激②は210.6 Hzとほぼレジデューピッチにマッチングされ，総合的聴取がなされていることが示された。

5.4.6　純音の低調波ピッチ

純音は単一のピッチをもつので，複合音とのピッチマッチングの場合に比較音として使うことがある（JIS, ANSI）。ところが意外なことに純音を聴取した場合においても，実験条件によっては低調波に対応するピッチを知覚することがある。Houtgast（1976）は，**図5.14**に示すように，第1音（持続時間200 ms）を基本周波数f_0が200 Hzの第2, 3, 4, 8, 9, 10倍音からなる複合音（第5, 6, 7倍音を除く）とし，第2音を基本周波数f_0が206 Hzあるいは194 Hzの第5, 6, 7倍音からなる3成分音，第5, 6, 7倍音の中からの2成分音，それらの中からの1成分音（純音）のいずれか（200 ms）とし，50人の聴取者に継時的に提示した。

116　5. 複合音のピッチ

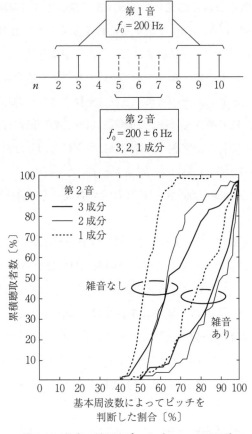

図 5.14　純音の低調波ピッチ (Houtgast, 1976)

　聴取者は，背景に広帯域雑音がある条件とない条件の両方で，二肢強制選択法 (2AFC 法) により，どちらの音のピッチ（基本周波数）が高いかを判断した。その結果，背景に広帯域雑音がないときには，基本周波数によってピッチを判断した割合は，3成分および2成分音では65%，1成分音では50%であり，基本周波数によってピッチが知覚されたとはいえなかった。一方，広帯域雑音を同時に提示し，低い S/N（マスキング閾値よりも6dBだけ高い）においては，3成分および2成分音では90%，1成分では80%となり，純音でさえもその低調波でピッチが判断される場合が多いという結果が得られた。また，

引き続き3人の聴取者で行った実験では，純音が低調波のピッチ感覚を引き起こす能力は，純音が第2音の周波数の8倍くらいまでは十分に保たれることが示された。なお，広帯域雑音によって低調波のピッチ感覚が生じる理由は，雑音によって場所情報が失われ，わずかに残った時間情報によって総合的聴取によるピッチ判断を行っているという可能性が考えられる。

5.4.7 部分音のピッチシフト問題

調波複合音を聴いたとき，特定の部分音に注意を集中すると，その部分音を聴き取ることの可能な場合がある。すでに19世紀に，Helmholtzは，訓練を行うことによりピアノ音の第5～第6倍音までを聴き取ることができると述べている。

部分音のピッチがその周波数に対応する純音のピッチに等しいのか，あるいはわずかにシフトしているのかを知ることは，ピッチ理論を構成するにあたってきわめて重要なことである。Terhardt（1971a）は，基音から第6倍音までからなる複合音（基本周波数：100 Hz, 200 Hz, 400 Hz）の部分音（基音，第2，第3，第4倍音）と純音とのピッチマッチング実験を行った。各部分音と純音（比較音）の音圧レベルは60 dBである。4人の聴取者が，比較音のピッチが各部分音のピッチと等しくなるように周波数の調整を行った。ここで比較音とマッチングされる部分音は，聴取者の注意をひきやすくするために，周期的に断続（0.8秒 on, 0.8秒 off）している。実験の結果，基音に対してはわずかな下降方向のピッチシフト，第2倍音以上に対しては明確な上昇方向のピッチシフトが観測された。Terhardt（1974）は，この結果を用いて，有名な彼のピッチ理論（virtual pitch theory）を展開している。これについては後述（6.2.3項参照）する。

Terhardt（1971a）の結果を検証するために，Petersら（1983）は，新たな実験を行った。ここでは特定の部分音に注意を向けるために，テスト音（複合音）の注意すべき部分音だけを始めの200 msの間カットした複合音を提示し新たに加わった部分音に着目する方法（中途条件）と，全体の複合音を提示す

るがマッチングする周波数を各部分音の±10～40 Hz に初期設定する方法（標準条件）の二つの条件を採用した．テスト音と比較音の持続時間は 500 ms（中途条件の部分音カット区間を除く）である．この調整法のほかに，適応法も用いた．テスト音は，基本周波数が 200 Hz で基音から第 7 倍音までを含んだ調波複合音である．各成分の音圧レベルは 71 dB，51 dB および 31 dB の 3 通りである．また持続時間は 500 ms（中途条件を除く）である．聴取者は 3 人である．両条件について，音圧レベルに関しては一貫したピッチシフトは見られなかったので，各音圧レベルの平均値を求めた．調整法の結果では，各部分音の純音とのピッチマッチングには系統的なシフトはなかった．特に，すべての聴取者について，第 2～第 5 倍音へのマッチングは倍音周波数に非常に近かった．ただ 1 人の聴取者は基音成分は上方へシフトする傾向があり，第 7 倍音は下方にシフトする傾向があった．標準条件よりも中途条件のほうがわずかではあるが正確であったが，基本周波数へのマッチングには影響がなかった．適応法による結果では，複合音の個々のピッチは音圧レベルあるいは部分音周波数による一貫したシフトはなく，彼らは複合音中の部分音のピッチは本質的にその周波数に対応する純音のピッチに等しいと結論づけた．この結論は，Terhardt（1971a）のデータと異なっており，この実験データだけでなく，それらを基礎にした彼のピッチ理論（Terhardt, 1974）に疑問を投げかけた．

　Hartmann and Doty（1996）は，基本周波数が 200 Hz（実験では±10%変化）で等しい振幅をもつ基音から第 16 倍音までからなる調波複合音の各部分音と純音のピッチマッチング実験を行った．純音と各部分音のラウドネスはほぼ等しくなるように調整した．基音および第 2, 3, 4, 5, 7, 9, 11 倍音の部分音としてのピッチは，それらの周波数の純音と等しくなった．この結果は，Peters ら（1983）の結果と一致しており，Terhardt（1971a）の結果とは異なっている．

5.4.8　両極性周期的パルス列音のピッチ

　周期的パルス列音は，基本周波数が周期の逆数であるような調波複合音であ

る。パルスがプラスあるいはマイナス方向だけの単極パルス列音ならばすべての倍音は同位相になるが，両極性パルス列音になると振幅スペクトルあるいは位相スペクトルに違いが現れてきて，ピッチ知覚のされ方が違ってくる。Flanagan and Guttman（1960）は，図 5.15 に示すような 4 種類のパルス列音を用いて，ピッチ知覚実験を行った。

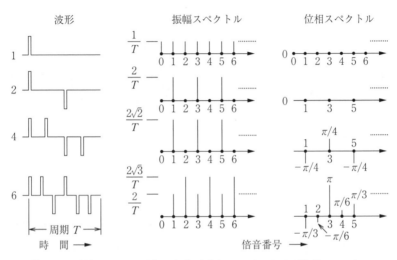

図 5.15 4 種類のパルス列音の波形，振幅スペクトルおよび位相スペクトル
（Flanagan and Guttman, 1960）

聴取者は 4 種類のパルス列音刺激を組み合わせ，ピッチが等しくなるように一方の刺激の周波数を調整した。その結果，100 pps（1 秒間当りのパルス数）以下の刺激に対しては，ピッチが等しいと感じるのは，それぞれのパルスの極性にかかわらずパルス数が等しいときであった。一方，基本周波数が 200 Hz 以上の刺激については，パルス数ではなく基本周波数が等しい場合にピッチが等しいと判断された。この二つのピッチモードの間には，モードの推移区間があり，そこではパルス数で判断したり基本周波数で判断したり，判断が不安定な領域があった。両極性パルス列音が基底膜上の各場所でどのような振動をするかを知るために，基底膜モデル（Peterson and Bogert, 1950）を電気回路で実現し，振動波形を観察した。その結果，基本周波数が低い（例えば，50 Hz）

音刺激に対しては基底膜の広い範囲にわたって正と負の各パルスに対応して上下対称的な鋭い振動が見られるのに対し，より高い基本周波数（例えば，500 Hz）の音刺激は，基底膜の先端方向へ向かうに従って分解され，先端に近い場所の振動はほとんど基本周波数に対応する正弦波になっていることが観察された。このような振動パターンの違いがピッチ知覚の二つのモードに結びついていると考えられる。このことはのちに Bilsen and Ritsma（1969/70）が，基底膜振動の時間微細構造によって説明している（5.6.2項参照）。

5.5　総合的聴取によるピッチ

5.5.1　複合音の多重ピッチ－純音とのピッチマッチング－

複合音のピッチをほかの音とのピッチマッチング実験で調べる場合に，マッチング音として純音を用いるのが最もすっきりしているように思える。その理由は，通常の状況では純音はただ一つのピッチをもっているからであり，ASA や JIS でも「音の高さは，人がその音と同じ高さであると判断した純音の周波数で表すことがある」と述べられている。しかし，これまで行われた実験において多くの場合，複合音のピッチは純音ではなく音色が近い複合音が使われてきた。その理由は，複合音に対して純音とピッチマッチングをさせると，聴取者から「音色が違い過ぎてマッチングが困難である」という意見が出て，実験結果が不安定になるからである（Davis, et al., 1951；de Boer, 1956a,b；Schouten, et al., 1962；Smoorenburg, 1970）。

そこで実際に，複合音と純音のピッチを比較した実験結果について見てみよう。Jeffress（1940）は，さまざまなパイプオルガンの音（基本周波数＝388 Hz）と等しく感じる純音のピッチは 388 Hz なのか，あるいはそれより1オクターブ高い 776 Hz なのかを選ばせる実験を行った。それぞれのパイプオルガンは倍音の強さが異なり，したがって音色がさまざまで Violin，Flute，Trumpet などの名前がつけられている。10種類のパイプオルガンの音（提示音圧レベル：約 70 dB）について 26 人の聴取者の実験結果をまとめた結果，

5.5 総合的聴取によるピッチ

聴取者の判断には大きな個人差があった。まず，基本周波数（= 388 Hz）に等しいという判断結果は全体の約 79 % で，1 オクターブ上に等しいという判断が 21 % もあった。つぎにパイプオルガンの基本周波数成分を除去した場合について同じ実験を行ったところ，基本周波数に等しいという判断結果は全体の約 37 % に減少し，1 オクターブ上に等しいという判断は 63 % に増加した。この結果は，複合音のピッチを純音のピッチと比較した場合，常にその基本周波数に等しい純音のピッチと同じになるわけではなく，それより 1 オクターブ高い周波数の純音のピッチに等しくなる場合があることを示している。さらに基音成分を除去すると，むしろ第 2 倍音の周波数に対応する純音のピッチに等しくなる場合のほうが多くなった。

Davis ら（1951）は，繰り返し周波数（= 基本周波数）が 90 ～ 150 Hz の周期パルス列音を中心周波数が 2 kHz で約 1 オクターブ帯域の帯域フィルタに通した調波複合音を作成した。この複合音は粗く，金属的な音色をもっていた。この音を純音と交互に聴取者に提示してピッチマッチングをするように求めたところ，すべての聴取者が「複合音と純音の音色があまりにも異なるので高さのマッチングは難しい」と感想を述べたが，何人かの聴取者は 2 000 Hz の純音に合わせた。これらの聴取者はトーンハイトに注意を向けてマッチングをしたと考えられる。また，ほかの聴取者は基本周波数に合わせたが，しばしば基本周波数より 1 オクターブ高くあるいは 1 オクターブ低くに合わせ，場合によっては 2 オクターブ離れた周波数に合わせることもあった。

大串（1976a）は，キャリア周波数を 2 000 Hz 一定とし，変調周波数をそれぞれ 333 Hz，400 Hz，500 Hz とした 3 種の振幅変調音（変調度：80 %）と純音のピッチマッチング実験を行った。4 人の聴取者が，ピッチが等しいと感じられるすべての周波数を探して純音の周波数を調整した。その結果，変調周波数（= 基本周波数）だけではなく，その 2 倍，3 倍，4 倍などの周波数付近の純音とマッチングが行われた。

これらの実験結果は，複合音のピッチは純音と比較した場合には一つだけではなく複数存在することを示したもので，ピッチ知覚の問題の複雑さを物語る

ものである。

5.5.2 ピッチの支配領域

　調波複合音は一般に基本周波数に対応するピッチ感覚を引き起こすが，基本周波数成分を除去してもピッチは変化しないと考えられてきた。すなわち，ピッチの生成に対して必ずしも基本周波数成分が支配的というわけではない。複合音に対して基底膜は広い範囲が振動するが，ピッチ知覚に対して最も支配力（＝影響力）の強い周波数領域（dominant region）はどの領域であろうか。

　ピッチ支配領域を調べる方法の一つは，複合音中の連続するいくつかの（あるいは一つの）成分をわずかに周波数シフトさせ，その非調波複合音の総合的ピッチへの影響（変化）を測定する方法である。この方法では，ピッチへの影響が大きいほどその成分のピッチへの支配力が強いとみなすのである。

　この方法を使った実験（Ritsma, 1967）の結果から，基本周波数が100～400 Hzの調波複合音については，第3～第5倍音の周波数範囲がピッチ知覚に最も強い影響を与える傾向が見いだされた。細かくいうと，基本周波数100 Hzの場合は第3～第5倍音が，基本周波数が200 Hzの場合には第3～第6倍音が，基本周波数が400 Hzの場合には第2～第5倍音が最も影響力のある周波数領域であった。ただし，聴取者による個人差は大きかった。

　Mooreら（1985a）は，10あるいは12成分を含む調波複合音中の一つの部分音だけの周波数を変化させ非調波複合音とし，音色の近い同じ数の部分音をもつ調波複合音とピッチマッチングをさせた。その結果，総合的ピッチはわずかではあるが単一部分音の変化方向にシフトした。個々の部分音の周波数変化が±2～3％までの範囲では，全体のピッチのシフトは個々の非調波成分の周波数変化幅に比例していたが，3％を超えると次第にその影響力が少なくなった。基本周波数が100 Hz, 200 Hzおよび400 Hzの複合音については，影響力のある部分音は常に基音から第6倍音までの範囲内にあった。しかし，聴取者の個人差は大きく，基本周波数成分それ自身が最も影響力が強くなることもあった。なお，周波数変化が大きくなったとき，非調波成分が低次部分音の場

合にはこの成分が目立った感じがし，高次部分音の場合には全体的にうなり（ラフネス）が生じたように感じられた（Moore, et al., 1985b）。

一方，Dai（2000）は，基本周波数が100〜800 Hzまでの，基音から第12倍音までを含む複合音の各倍音にジッター（jitter；ランダムな2％の周波数変動）を与え，それらのおのおのの知覚的な影響を観測した。その結果，ドミナントな周波数領域は倍音の次数に関係なく，600 Hz付近という周波数領域であった。

以上の実験は，基本周波数が100 Hz以上の場合についてであったが，基本周波数がもっと低い場合についても実験が行われている。Miyazonoら（2009）は，複合音中の連続するいくつかの（あるいは一つの）成分をわずかに周波数シフトさせ，その非調波複合音の基本周波数の弁別閾を測定する方法を用いた。この方法では，弁別閾が最小になる部分音（群）の支配力が強いとみなすのである。この実験における基本周波数 f_0 は35 Hzと50 Hzであった。実験結果は成分間の位相関係によって変化した。位相関係がランダムなとき（波形のピークファクターが小さい）には，f_0 = 50 Hzでは支配領域は低次倍音に対応したが，f_0 = 35 Hzでは明確な支配領域は見られなかった。ピークファクターが大きくなれば（COSINE位相：すべての倍音を余弦波とし位相を揃える），支配領域は高次の分解されない倍音群に対応するようになった。

これらの実験においては，聴取者の個人差が大きく，また基本周波数や位相関係による差異もあり，支配領域は条件によって異なった結果が得られている。また実験方法にも依存すると考えられる。

5.5.3　基本周波数からのピッチシフト

これまで述べてきたように，多数の倍音をもつ調波複合音のピッチは，基音を除去しても変わらないという多くの実験結果が報告されているが，この場合のほとんどは比較音として音色の近い複合音が用いられていた。比較音として純音が用いられた場合には，5.5.1項に述べたように，ピッチは必ずしも一意的に決まるわけではないが，基音に対応するピッチは基本周波数とはわずかで

はあるが異なることが明らかにされてきた。

このピッチシフトを発見したのは，Walliser（1969b）である。彼は，基本周波数が230〜380 Hzの範囲で，第5倍音から第9倍音までの五つの成分よりなる調波複合音のピッチと純音のピッチのマッチング実験を行った。5人の聴取者による実験の結果，聴取者の個人差はあるものの，複合音のピッチは基本周波数よりも2%程度低い純音と等しくなった。例えば，基本周波数が300 Hzの複合音はほぼ285〜300 Hzの純音にマッチングされている。

Smoorenburg（1970）は，二つの2成分複合音（1 800 Hzと2 000 Hz，2 000 Hzと2 200 Hz）について基本周波数に対応する200 Hz付近の純音とピッチマッチング実験を行ったところ，平均的には2〜3%低い周波数の純音とピッチが等しくなった。

Terhardt（1971b）は，基本周波数とスペクトル包絡線をさまざまに変化させて同様な実験を行った。その結果，基本周波数が1 kHz以下ではピッチシフトが生じること，基音を含む低次倍音を削除すればピッチシフトが大きくなる傾向のあることを示した。

大串（1976b）およびOhgushi（1978）は，基本周波数が100〜3 000 Hzの範囲で6.4 kHzまでの成分を含む多成分調波複合音について同様の実験を行った。その結果の1例を図5.16に示すが，基本周波数が200〜2 000 Hzの範囲では複合音のピッチはその基本周波数よりもわずか（2〜3%以下）ではあるが，低い周波数の純音のピッチに等しくなることが示された。また基本周波数が100 Hzの場合には逆方向のピッチシフトが生じたが，これは純音の感覚レベルを30 dBとしたために音圧レベルが高くなり，100 Hzでは音圧レベルの上昇とともにピッチが大きく低下する（4.4節参照）ためであると考えられる。さらに，ピッチシフトの生理学的起源はオクターブ伸長現象の場合と同じく，高い周波数の純音に対する聴神経のインパルス間の時間間隔が系統的に長くなる（図2.19参照）ためであると指摘した。

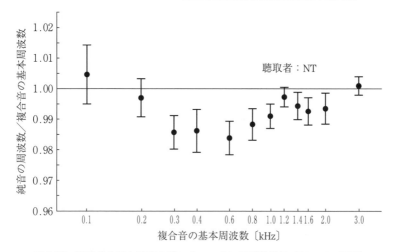

図 5.16 調波複合音と純音のピッチマッチング実験結果（Ohgushi, 1978）

5.5.4 音程判断における正答率

自然界に存在する楽音や音声の母音のように基本周波数（f_0）成分とその倍音（nf_0；$n=2, 3, 4, \cdots$）成分からなる調波複合音は，通常は周波数 f_0 の純音とほぼ同じピッチに知覚される。しかし，低次倍音（n が小さい）と高次倍音（n が大きい）がピッチに及ぼす影響は異なってくる。基本周波数が一定であっても，倍音次数の大小によってその倍音の周波数は変化する。複合音を構成する周波数成分が低次倍音群である場合と高次倍音群の場合によって，ピッチ知覚に果たす役割はどのように変わるのであろうか。

Houtsma and Goldstein（1972）は，missing fundamental 音（基本周波数成分を除去した調波複合音）についての実験を行った。聴取者が，連続した次数の二つだけの倍音からなる複合音を聴くと，分析的聴取と総合的聴取に分かれることが多い（5.4.4 項参照）。Houtsma らは，基本周波数がわずかに（周波数比が 5/4 以下）異なる二つの 2 成分複合音を単耳だけに提示した場合（monotic 聴取）と左右耳に各成分を分けて提示した場合（dichotic 聴取）について，継時的な音程判断実験を実施した。基本周波数は 200〜1 000 Hz を含む広い範囲で，音程判断は短 2 度，長 2 度，短 3 度，長 3 度の上昇あるいは下

降判断の 8 通りから選択させる実験であった。チャンスレベルは 12.5％（＝ 1/8）である。聴取者は音楽経験者で，このような複合音について総合的聴取を行えば正確な音程判断ができるはずである。実験結果には多少の個人差はあるが，図 5.17 に，等正答率曲線の 1 例（monotic 聴取）を示す。横軸は基本周波数，縦軸は二つの倍音の平均倍音次数，P_c は正答率を表す。$P_c = 20\%$ はチャンスレベルを超えている。このことは，平均倍音次数が 10 次であってもチャンスレベル以上の正答をしているということになる。3 人の聴取者の結果の大まかな傾向としては

① 倍音次数が小さい場合には正答率は良いが，倍音次数が大きくなると正答率は低下する；
② 基本周波数が 200 Hz あるいは 300 Hz 程度であると正答率は比較的高いが，基本周波数が高くなるに従って正答率は低下する。

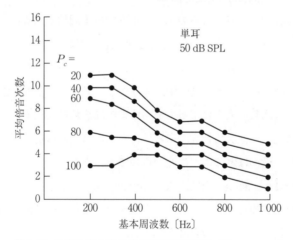

図 5.17 2 成分複合音の音程判断実験結果（Houtsma and Goldstein, 1972）

これらのことは，成分の周波数領域が高くなると正答率が低下する傾向を示している。またここで重要なことは，dichotic 聴取の場合にもほぼ同様な結果が得られたことである。このことは，左右耳の情報が初めて出会う上オリーブ複合体以上の段階で音楽的ピッチが生じることが可能なことを示している。

以上は 2 成分複合音において，倍音次数と音程判断の正答率の関係を求めた実験であったが，連続する多くの倍音をもつ複合音において，周波数領域によって音程判断やピッチの弁別閾はどのように変わるのであろうか。Houtsma and Smurzynski（1990）は，多周波成分複合音の中から基本周波数成分を除去した missing fundamental 音を音楽経験のある 4 人の聴取者の両耳に提示し（diotic 聴取），音程判断実験を行った。基本周波数は 200〜300 Hz の範囲で，継時的に提示された二つの複合音のピッチの上昇音程を，短 2 度，長 2 度，短 3 度，長 3 度，完全 4 度，増 4 度，完全 5 度のうちの七つの音程の中から選ばせる実験である。チャンスレベルは 14.3%（= 1/7）である。複合音はすべて基音から第 5 倍音までが除去されており，最低次数の倍音は第 6 倍音から第 20 倍音までの間である。また，これらの複合音は次数の連続する倍音を含む 11 成分調波複合音である。

図 5.18 に，音程判断の正答率を示す。横軸は三つの複合音の結果をまとめたもので，数字はそれぞれの最低倍音次数の平均である。例えば，7 は 6，7，8 次倍音が最低次数である場合の平均値を意味している。ここでは，改めてこ

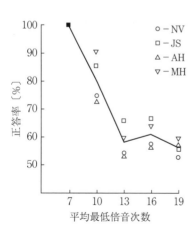
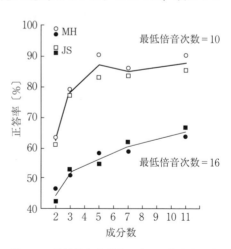

図 5.18　11 成分複合音の最低倍音次数と 4 人の聴取者の音程判断実験結果（Houtsma and Smurzynski, 1990）

図 5.19　最低倍音次数を固定した複合音の成分数と 2 人の聴取者の音程判断実験結果（Houtsma and Smurzynski, 1990）

の平均値を最低倍音次数と呼ぶ。縦軸は音程判断の平均正答率で，実線は4人の聴取者の平均正答率である。最低倍音次数が7から13に上がると平均正答率は急激に低下し，60%程度になる。ただそれ以上の高次倍音（19～29次）だけになっても平均正答率はそれ以上には低下せず，チャンスレベルよりずいぶん高い。

つぎに図5.19に，最低倍音次数を10および16に固定して，周波数成分数を変えたときの音程判断結果の正答率を示す。横軸は成分数である。成分数が多いほど正答率が高くなることが示されており，たとえ2成分音であってもチャンスレベルよりもかなり高い値になっている。

5.5.5 周波数成分間の位相効果

〔1〕 **ピッチと位相**　複合音の周波数成分の位相関係によって音色の違いが生じることはよく知られていた（例えば，Plomp and Steeneken, 1969）。しかしピッチにどのような影響があるかは微妙な問題であった。Mathes and Miller（1947）は複合音を構成する各部分音の振幅を固定し位相だけを変化させると，音の粗さ・滑らかさに影響を及ぼし，ピッチ感の明確さに対して影響の存在することを示した。また舘・磯部（1973）は，3成分調波複合音の一つの成分の位相を90度ずらすと，音色は変化しピッチも変化したと述べている。しかし，これらの結果は定性的であって，定量的な結果をもたらしたものではなかった。

〔2〕 **振幅変調音の成分の位相効果**　Ritsma and Engel（1964）は，キャリア周波数が2 000 Hzの純音を200 Hzの純音で変調した振幅変調音（AM音）の中心周波数成分（=2 000 Hz）の位相を90度ずらした擬似周波数変調音（QFM音；quasi FM signal）と音色の近い別のAM音（周波数成分が異なる）とのピッチマッチング実験を行った。その結果，キャリア周波数が変調周波数よりも9倍以上高ければ，QFM音のピッチはAM音のピッチとは異なるという結果を得て，複合音のピッチが位相によって影響されると主張した。彼らはこの実験結果を，複合音のピッチは基底膜上の振動波形のピーク間隔の逆数か

ら決まるというSchoutenら（1962）の時間微細構造（temporal fine structure）理論を支持するデータであると主張した。

しかしPatterson（1973）は，成分数が6あるいは12で，隣接周波数間隔が200 Hzであるような複合音を作り，最低周波数成分を100 Hzから2 600 Hzの範囲で20 Hzごとに変化させ，全部の成分がCOSINE位相の場合と各成分の位相がランダムの場合について，音色の類似した帯域通過フィルタを通したパルス列複合音とのピッチマッチングをさせた。位相によって，音響波形は大きく異なっているものの，最低周波数成分が等しければ，ピッチは位相にも成分数にも影響されずに同じであった。成分音間の位相関係が変わってもピッチは変化しないというこの結果は，Ritsma and Engel（1964）とは異なる結果となった。

Wightman（1973a）は，上記のRitsma and Engel（1964）とPatterson（1973）の実験を繰り返した。その結果，ピッチは位相の影響を受けないというPatterson（1973）の結果を支持する結果を得た。Wightman（1973b）は，この結果から位相の影響を受けない後述の自己相関モデル（6.2.1項参照）を提案した。

Moore（1977）は，2 000 Hzを中心周波数とする3成分AM音およびQFM音と純音あるいはほかのAM音とのピッチマッチング実験を行い，複合音に対する位相効果は，多数回のピッチマッチング実験におけるピッチの平均値の変化ではなくピッチマッチング実験の各回ごとの結果の分布の変化であると結論づけた。

〔3〕 **位相と周波数帯域の交互作用**　Shackleton and Carlyon（1994）は，複合音の基本周波数F_0を低（62.5 Hz），中（125 Hz），高（250 Hz）の3通りとし，広帯域複合音の周波数帯域を帯域フィルタでLow（125〜625 Hz），Mid（1 375〜1 875 Hz），High（3 900〜5 400 Hz）に分割し，それらを組み合わせた9通りの複合音をSINE位相（すべての倍音を正弦波とし位相を揃える）とALT位相（alternating phase；奇数倍音と偶数倍音を交互に正弦波と余弦波にする）に分け，18通りの複合音を作成した。それらとSINE位相で周波数帯

域が等しい複合音とのピッチマッチング実験を行った。マッチング音の周波数変化範囲は F_0 の半オクターブ下から1オクターブ半上までであった。実験結果によれば，テスト音（マッチングされた音）が SINE 位相の場合にはすべての場合が F_0 付近にマッチングされ，ピッチは F_0 によって決まることが示された。これは同じ位相条件なので当然のことと考えられるが，**図 5.20** に，テスト音が ALT 位相の場合の実験結果を示す。横軸はマッチング音とテスト音の周波数比，縦軸は1%幅の bin に該当するマッチング数の割合〔%〕である。この結果によれば，周波数帯域が Low である場合にはほとんど f_0 付近にマッチングされており，周波数帯域が Mid で f_0 が 250 Hz の場合も同じである。しかし，周波数帯域が High になるとマッチング周波数はテスト音の f_0 の2倍付近に集中しており，ピッチがほぼ1オクターブ高く判断されていることがわかる。さらに，Mid 帯域で f_0 が 62.5 Hz の場合も同様である。ここで興味深いことは，Mid 帯域で f_0 が 125 Hz のときにマッチング周波数が f_0 から $2f_0$ に分布していることである。その後の実験では，この帯域はピッチが推移する領域 (transition region) で，f_0 を 62.5 Hz から小刻みに 250 Hz まで変化させていく

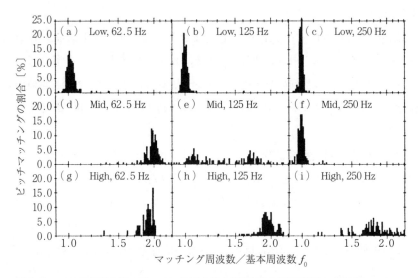

図 5.20　ALT 位相複合音のピッチに及ぼす基本周波数と周波数帯域の効果 (Shackleton and Carlyon, 1994)

とマッチング周波数は $2f_0$ から f_0 へ推移していくことが確認された。このことは，複合音のピッチは基底膜の振動の繰り返し割合に対応するものであって，必ずしも基本周波数 f_0 に対応しないこともある。このような現象は前述のFlanagan and Guttman（1960）の実験結果（5.4.8 項参照）にも現れている。このように複合音の成分間の位相が異なると，f_0 や周波数帯域の違いによりピッチが変化するという現象が生じる。

5.5.6 基本周波数の弁別閾

多くの周波数成分を含む調波複合音において，各成分の位相が揃っていれば波形のピークファクター（波形のピーク値対 RMS 値）が大きくなる。ピッチが波形の時間微細構造によって決まるとすれば，ピークファクターが大きいほどピッチは明確なものになるであろう。一方，各成分の位相関係をランダムにしたりあるいは ALT 位相にすれば，ピークファクターは各倍音の位相を揃えた場合よりも小さくなり，波形の微細構造によるピッチは不明確になる可能性が考えられる。これらの音響波形の違いは基底膜の振動波形にもその影響が現れている（Alcantara, et al., 2003）。したがって，SINE 位相の場合は ALT 位相の場合に比べて基底膜の振動波形のピークが大きいので，時間情報を利用しやすいと考えられる。

Houtsma and Smurzynski（1990）は，基音から第 5 倍音までを除去した上記の 11 成分複合音の平均最低周波数次数と基本周波数の弁別閾 F_0DL との関係を調べた。各成分の位相関係は，音響波形のピークファクターの影響も調べるために SINE 位相（すべての倍音を正弦波とし位相を揃える。ピークファクターは大きい）およびピークファクターの小さい条件（シュレーダー位相）の二つの条件である。図 **5.21** に実験結果を示す。いずれの場合にも倍音次数が 7 次以下では F_0DL は 1% 以下であるが，7 次から 13 次になるに従い急激に増大する。この 7 次から 13 次までの間の急激な変化の傾向は，ピッチ情報処理における低次倍音群と高次倍音群の処理方式の移行領域ではないかと推測される。また，13 次以上では F_0DL にあまり大きな変化は見られない。しかし，13

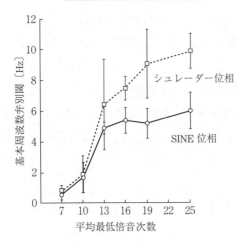

図 5.21　11 成分複合音の最低倍音次数と基本周波数弁別閾（Houtsma and Smurzynski, 1990）

次以上では，波形のピークファクターが大きい SINE 位相のほうが弁別閾が小さくなっている。すなわち，ピークファクターが大きいほどピッチがより明確であることを示している。

　Bernstein and Oxenham（2003）は，基本周波数を 100 Hz および 200 Hz の 2 通りとし，12 の連続する次数の倍音成分からなる複合音の F_0DL を，最低次数を変えて調べた。この実験でのおもな発見は，成分の最低倍音次数が 9 次までは F_0DL は 1％以下であまり変わらなかったが，9 次を超えて 12 次までの範囲で急激に増大した。しかも，基本周波数が 100 Hz でも 200 Hz でも同じ最低倍音次数で F_0DL の上昇が生じた。このことは，基本周波数の弁別閾 F_0DL に対する影響は周波数帯域よりも倍音次数のほうが強いことを示している。また，位相の影響は最低倍音次数が 9 次以下ではほぼ無視できたが，9 次を超えるとピークファクターの大きな SINE 位相の場合のほうがランダム位相の場合よりも F_0DL は小さくなった。

　Moore ら（2006）は，中心周波数が 2 000 Hz で等振幅の連続する三つの倍音からなる複合音の F_0DL を測定した。パラメータは最低倍音次数 N で 6 〜 15 の範囲で測定した。また位相としては，COSINE 位相と ALT 位相の両者を用いた。N が 6 あるいは 7 では，F_0DL は 0.8％程度で位相による違いは見られなかった。N が 8 以上になると F_0DL は上昇し，$N=12$ 以上ではほぼ 4 〜 6

%で一定になり，また位相効果が見られるようになり，ALT 位相のほうが2%程度大きな値になった。一方，中心周波数を5000 Hz として同じ実験を行ったところ，F_0DL は10%程度となり，中心周波数が2000 Hz の場合に比べて大幅に悪化した。これらのことは，基底膜振動波形の時間微細構造がピッチ情報を担っているという考えに一致する。

5.5.7 変調周波数の弁別閾

振幅変調音（AM 音）に比べて擬似FM 音（QFM 音）は波形の時間包絡はやや平坦となり，ピッチを決定するための波形の時間微細構造および時間包絡の情報は減少する（5.2.6項，5.5.5項参照）。Hall III ら（2003）は，3成分AM 音およびQFM 音の変調周波数の弁別閾が各成分の存在する周波数帯域によってどのように変化するかを調べた。変調周波数は100 Hz あるいは200 Hz である。その結果によれば，周波数帯域が高くなるに従って弁別閾は AM 音では4 Hz から10 Hz と大きくなり，また QFM 音では6 Hz から50 Hz と増大している。これらの結果は，時間微細構造のより明確な AM 音のほうが QFM 音よりもピッチが明確で，したがって変調周波数の弁別閾が小さくなっていると解釈される。また，周波数帯域が高くなるに従って聴神経の位相同期が次第に困難になり，時間微細構造情報が利用し難くなり，時間包絡情報を使わざるを得ない状況になったからであると考えられる。

5.5.8 持続時間による周波数弁別閾の変化

音の持続時間（duration）が短くなると，一般にピッチが聴き取り難くなる。Beerends（1989）は，基本周波数が200 Hz から300 Hz までの間の5通りと最低倍音次数（2～10）が9通りの計45通りの2成分調波複合音（倍音次数が連続している）それぞれについて，6通りの持続時間（2～600 ms）ごとに，キーボードの鍵盤を押して同じピッチを見いだす実験を行った。その結果，持続時間が600 ms と十分長い場合には，最低倍音次数が6次以下ならばほぼ100%の正確さでピッチを同定できたが，7次以上になると同定率が低下

し，10次になると60〜80％に低下した。また持続時間が短くなると，全体的に同定率は低下するが，最低倍音次数が高い場合には特に同定率は大きく低下した。持続時間を5 msまで短くすると同定率はほとんどチャンスレベルとなった。また個人差はあるが，持続時間が短くなると分析的ピッチに切り替える傾向が見られた。

また，分解される倍音のみからなる複合音よりも分解されない倍音のみからなる複合音のほうが，基本周波数弁別閾の持続時間（20 msから160 msまで）による改善効果は大きかった（White and Plack, 1998）。

5.5.9 ダイコティック聴取によるピッチ

〔1〕 **基本周波数に対応するピッチの生じる神経レベル**　Houtsma and Goldstein（1972）は，5.5.4項で述べたように，2成分複合音を継時的に単耳聴取（monotic 聴取）したときに，基本周波数比に対応する音程判断がかなりよくできることを示した。さらに，両耳にそれぞれ奇数次および偶数次の倍音を分けて聴かせても（dichotic 聴取），同じようによく音程判断ができることを見いだした。このことは2成分の情報が同時に片耳の基底膜を振動させる場合だけでなく，左右耳の基底膜がそれぞれ単一成分に対して振動した情報が，有毛細胞，聴神経，蝸牛神経核ニューロンの経路を通り，両耳からの情報が合流する上オリーブ複合体ニューロン以上のレベルにおいても，基本周波数に対応する新たなピッチ情報が生じることを明らかにした。

〔2〕 **倍音の分解性**　基本周波数が100 Hzあるいは200 Hzの調波複合音の特定の倍音の周波数を3.5〜5％だけ変えた場合の各倍音の弁別実験の正答率は，倍音次数が低次の場合には非常に高いが，次数が増えるに従って低下する（Bernstein and Oxenham, 2003）。正答率が75％まで減少する次数は，diotic 聴取（両耳に同じ音を与える）では9〜11次であったが，dichotic 聴取（奇数次倍音と偶数次倍音をそれぞれ反対耳に与える）では片耳での成分間の周波数間隔が diotic 聴取の場合よりも2倍になるため，18〜21次であった。この結果は，各成分の分解性は両耳からの情報が出合う上オリーブ複合体より

は末梢のレベルで決定されることを示している。

5.5.10 分解されない倍音群の弁別

5.2.6項で述べたように，3成分複合音の全周波数成分を一定値Δfだけ上昇させた複合音の総合的ピッチはΔfにほぼ比例して高くなること（ピッチシフトの第1効果）が示されている。

Mooreら（2009）は，調波複合音と各成分の周波数を一定値Δfだけ上方にシフトした非調波複合音との弁別実験を行った。基本周波数F_0を35～400 Hzの範囲とし，周波数帯域の中心周波数の倍音次数Nをそれぞれ11，13，15次倍音（F_0＝35，50 Hzに対しては，第7および第9倍音も追加）とした。最低周波数成分の倍音次数は$N-2$である。実験の結果，倍音次数が高次になるほど弁別成績が減少することが示されたが，N＝15の場合（すべての成分が分解されない）でもチャンスレベルよりも高くなった。このことからMooreらは，周波数弁別は部分的に分解される成分によるのではなく，時間微細構造によって行われていると解釈した。

Moore and Sek（2009）は，基本周波数F_0を800 Hzあるいは1 000 Hzとし，中心周波数が$14F_0$で帯域幅が$5F_0$であるような帯域通過フィルタを通した調波複合音と全周波数成分をΔf（＝$0.5F_0$）だけ上昇させた非調波複合音との弁別実験を行った。これらの複合音の時間包絡線は同じであるが，時間微細構造は異なる。F_0＝800 Hzで最低可聴成分が8 kHzに近いときでもチャンスレベル以上の確率で弁別できた。彼らはこの結果を，興奮パターンの変化によるものではなく，また部分的に分解される成分の周波数弁別に基づくものでもなく，わずかであっても時間微細構造が8 000 Hzまでは使用されていると解釈している。

5.5.11 ピッチ知覚に及ぼす異なる周波数領域での干渉効果

ある制限された周波数帯域の複合音の基本周波数の弁別は，異なる帯域に制限された複合音の存在によって干渉を受け，悪化することがある（Gockel, et al., 2004)。この干渉効果を**ピッチ弁別干渉**（pitch discrimination interference, PDI）という。PDI は，周波数領域が大きく離れていても生じるのでマスキングでは説明できない。PDI は干渉音と非干渉音の基本周波数が近いときに大きく，離れるに従って小さくなる。

5.6 雑音のピッチ知覚

5.6.1 雑音の断続と振幅変調の効果

白色雑音を規則的に断続した音はスペクトル上では平坦なものになる。しかしこの音を聴いてみると，1秒間当りの断続回数に対応する弱いピッチを感じられる場合がある。そのピッチは，あいまい（vague）で粗く（rough），またしまりがない（diffuse）というふうに感じられた（Miller and Taylor, 1948）。雑音の断続時間の割合を 50% とした場合，雑音を断続したかどうかは断続回数が 1 000 Hz までは検知することができた。また断続回数を 30〜2 000 Hz の間で純音とのピッチマッチング実験を行い，正確なマッチング（周波数弁別閾＋周波数の 2% 以内）ができた割合（正答率）が断続回数によってどのように変化するかを，10 人の聴取者について調べた。その結果，250 Hz 以下では 10〜20% の正答率が得られた。特に成績の良い 3 人については 30〜60% の正答率を得た。

Burns and Viemeister（1976；1981）は，白色雑音や狭帯域雑音（800〜1 200 Hz）を正弦波で振幅変調した音を用い，変調周波数を変化させることによって作られた旋律や音程の判断実験を行ったところ，いずれの場合も高い正答率を示した。また音程判断実験においては，変調周波数が高くなると正答率は低下した。チャンスレベル以上の正答率となった変調周波数は，個人差はあるがほぼ 600〜1 000 Hz の範囲であった。

これらの音刺激は平坦なパワースペクトルをもつので，ピッチは場所情報から生じているとは考えにくく，時間情報から生じると考えられる。

5.6.2 くし形フィルタを通した雑音のピッチ

自然環境の中で，ある音とそれがどこかの面で反射して遅れた音とが同時に到来することがある。その場合には，遅延時間の逆数の周波数に対応する弱いピッチを感じることがある。ある信号にそれ自身を遅延させたものを重ねることにより，くし形の周波数特性を示すくし形フィルタを構成することができる。**図 5.22**（a）は，遅延時間を τ としたくし形フィルタの構成図を示している。図 5.22（b）はその振幅周波数特性で，遅延時間 τ の逆数の整数倍にピークをもつ。

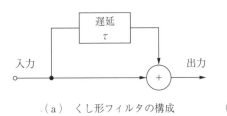
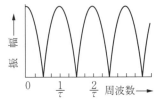

（a）くし形フィルタの構成　　（b）くし形フィルタの振幅周波数特性

図 5.22　くし形フィルタの構成とその振幅周波数特性

Bilsen（1966）は，広帯域雑音をくし形フィルタに通したリプル雑音（ripple noise）のピッチについて調べた。時間 τ（1～10 ms 程度）だけ遅延させた場合に，純音とピッチマッチングをさせると $1/\tau$ の周波数の純音のピッチに等しくなった。このピッチを**繰り返しピッチ**（repetition pitch）という。しかし，遅延させた雑音のすべての周波数成分を π（=180 度）だけ位相シフトさせると，それぞれの繰り返しピッチは，$1.14/\tau$ と $0.88/\tau$ の二つの周波数にマッチングできた。この繰り返し音のスペクトル包絡線は，**図 5.23** に示すよ

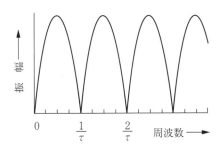

図 5.23　遅延させた白色雑音のすべての周波数成分を π（=180 度）だけ位相シフトさせた音のスペクトル包絡線（Bilsen, 1966）

うに，スペクトルのピークが $1/(2\tau)$ だけシフトしている。ただこのスペクトルの形状と位相シフトに伴うピッチの変化を結びつけることは困難なので，ピッチが場所情報で決定されているとはいえない。

ついで Bilsen（1966）は，二つのパルス（パルス間隔 τ）を1対として，それらをランダム系列として提示した音と純音とのピッチマッチング実験を行った。その結果，パルス対が同位相（同極性）の場合は周波数が $1/\tau$ の純音とマッチングされたが，逆位相（逆極性）とした場合には繰り返しピッチは広帯域雑音の場合と同じになった。

Bilsen and Ritsma（1969/70）は，この場合の繰り返しピッチが生じるメカニズムを，図5.24 のように説明している。すなわち，パルス対の音刺激に対して，基底膜の3か所の振動波形（共振周波数が高いほうから低いほうへ向かって）を示している。図の上方から，（a）音刺激，（b）基底膜の基底部，（c）支配領域（特徴周波数が $1/\tau$ の4倍）および（d）先端部の波形を示す。ピッチの決定に最も影響力の強い支配領域（5.5.2項参照）の振動の微細

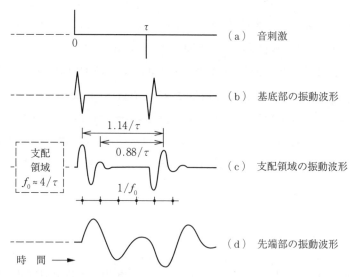

図 5.24　パルス対音刺激に対する基底膜各部の振動波形（Bilsen and Ritsma, 1969/70）

構造波形のピーク間隔を調べると $1/\tau$ よりもわずかに短い間隔と長い間隔の生じることがわかる。彼らは，この二つのピーク間隔が実験で得られた値（$0.88/\tau$ と $1.14/\tau$）に近くなると説明した。

図 5.22（a）に示したようなくし形フィルタ回路（あるいはその変形）をいくつか縦続接続した音を**反復リプル雑音**（iterated rippled noise, IRN）という。Yost（1996）は，反復回数を変えて周期的パルス列音とピッチマッチング実験を行った。その結果，反復回数が増えると基本周波数が $1/\tau$ だけでなく，その 1 オクターブ低い周波数 $[1/(2\tau)]$ にもマッチングするようになり，反復回数が 8 になるとピッチが明確になり，ついには $1/(2\tau)$ のみにマッチングするようになることを見いだした。

5.6.3 雑音による両耳ピッチ

Cramer and Huggins（1958）は，両耳ヘッドホンで片耳に白色雑音を提示し，もう一方の耳には特別の位相特性をもつ全帯域通過フィルタを通した後に提示した。この位相特性は，**図 5.25** のように，通過帯域の範囲で位相が 0 から 2π まで変化するが，ある狭い周波数範囲で急激に変化するものである。

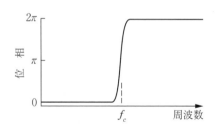

図 5.25 フィルタの位相特性（Cramer and Huggins, 1958）

彼らは，この場合に急激に変化する中心周波数 f_c に対応する弱いピッチ感覚の生じることを見いだした。このピッチは**ハギンスピッチ**（Huggins pitch）と呼ばれている。ハギンスピッチの特性を調べるために，彼らは位相の変化する中心周波数を，400 Hz と 440 Hz（さらに，800 Hz と 880 Hz，1 600 Hz と 1 760 Hz，3 200 Hz と 3 520 Hz）に設定した音のピッチの比較実験（上昇か下降の強制選択）を行った。もしピッチが中心周波数 f_c に対応するならば，f_c

の高いほうが高く判断されるはずである。図 5.26 の● (音圧レベル: 75 dB) と■ (音圧レベル: 65 dB) で実験結果を示す。横軸は位相シフトの急峻さを示す値で, f_c を中心として $\pi/2$ だけ位相がシフトする周波数帯域幅 〔%〕である。縦軸は中心周波数の高いほうがピッチが高いと判断されたパーセンテージ (正答率) で, この値が小さいほどピッチシフトが急峻である。実験結果によれば, 位相シフトの中心周波数 f_c が低い場合には正答率が高く, f_c が高くなるに従って正答率は低下した。また, 位相シフトの周波数帯域幅が狭いと正答率が高く, 周波数帯域幅が広くなると正答率が低くなることが明らかになった。なお, 左右同位相の場合の強制選択実験結果も○と□で示している。正答率は当然のことながらほぼ 50% となっている。

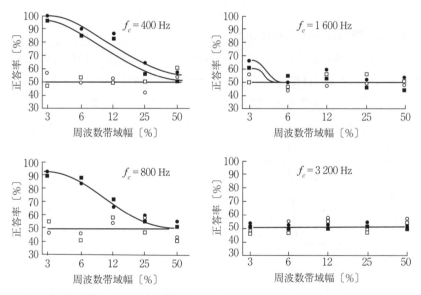

- ● 75 dB 左右異位相　○ 75 dB 左右同位相
- ■ 65 dB 左右異位相　□ 65 dB 左右同位相

図 5.26 中心周波数 f_c と周波数帯域幅によるハギンスピッチの正答率の変化 (Cramer and Huggins, 1958)

また Klein & Hartmann (1981) は, ハギンスピッチの変形として, 両耳に広帯域雑音を提示するのであるが, 狭い周波数範囲内で両耳間位相が 0 から

2π までではなく，0 から π まで変化させるとやはり弱いピッチを生じることを見いだした。彼らは，このピッチを**両耳エッジピッチ**（binaural edge pitch）と呼んだ。このピッチは，位相シフトの中心周波数が 350 〜 800 Hz のときに最も強く知覚された。

第6章
ピッチ知覚モデル

6.1 自己相関モデル

Licklider (1951) は，ピッチ知覚の二重理論 (duplex theory) を提唱した。すなわち，聴覚系は周波数分析と自己相関分析の両者を使ってピッチ知覚を行っているとする理論である。周波数分析は蝸牛によって行われ，自己相関分析は神経インパルス列の分析によって行われる。

図 6.1 に，**神経自己相関器** (neuronal autocorrelator) の基本回路を示す。A は蝸牛の長軸 (x 方向) に沿って共振周波数の異なる各場所に接続しているニューロンで，1個だけを示している。B_k ($k=1, 2, 3, \cdots$) は一定の遅延時間 $\Delta\tau$ をもつニューロンで，B_k の縦続接続により遅延線が構成されている。

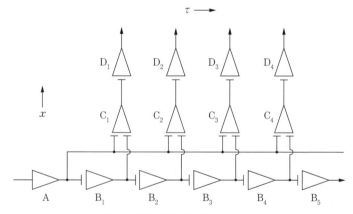

図 6.1　神経自己相関器の基本回路

ニューロン A から直接 C_k に到達したインパルスと B_k を通過して $k\Delta\tau$ だけ遅れて C_k に到達したインパルスがほぼ同時刻ならば，C_k はシナプスの電位が発火の閾値を超え，インパルスをニューロン D_k に送り，ニューロン D_k はさらにインパルスを発生する。

蝸牛の長軸全長にわたってニューロン A が並んでいると考えると，x 軸は蝸牛の長軸に沿った特徴周波数の場所に対応し，τ 軸は自己相関関数の遅延時間に対応する。(x, τ) 平面は時々刻々変動する音刺激の周波数と周期を表現する平面である。

しかし，ニューロンのシナプスにおいては入力に依存して相対不応期が変化し，シナプス遅延時間は入力に応じて変化することが知られている。したがって，シナプス遅延を固定的なものとしたこの神経自己相関器は，聴神経付近の生理学的メカニズムと対応していないので，このモデルは現実的であるとは思われていない。しかし，ピッチが何らかの自己相関メカニズムによって知覚されるという Licklider の基本的な考えは，のちのピッチ知覚理論に対して大きな影響力を与えている。

6.2 パターン認識モデル

複合音のピッチを推定するためのパターン認識モデルは，前半部分として粗い周波数分析器の機能をもち，複合音中の分解される各成分の周波数あるいはピッチを推定する。また後半部分は，分析器で分解された複数の分解される周波数成分から知覚されるべき複合音のピッチを計算するパターン認識機能をもつ。これらのモデルのパターン認識メカニズムは，複合音の各周波数成分をおおよそ 8 次くらいまでの倍音を並べた倍音列によって作られた鋳型（テンプレート；template）にうまくはまれば，その基本周波数が知覚されるピッチということになる。周波数成分を鋳型に当てはめてみることを**テンプレートマッチング**（template matching）という。同時期に発表された代表的な三つのパターン認識モデルについて述べる。

6.2.1 Wightman のパターン変換モデル

Wightman (1973b) は，図 6.2 に示すようなパターン変換モデル（pattern-transformation model）を提案した．このモデルの第 1 段階は，周波数分析能力の粗い帯域フィルタ群で構成された周波数分析器である．この段階で音響刺激が基底膜上の振動の包絡線パターンあるいは末梢神経系上の神経興奮パターンに変換される．このパターンは，物理的には音響刺激の大まかなパワースペクトルに対応している．第 2 段階において，この場所パターンはフーリエ変換される．フーリエ変換の結果は，大まかには音響刺激の自己相関関数となり，時間の次元をもつ．第 3 段階においては，ピッチの抽出を行う．自己相関関数の値の最大の場所の値の逆数に対応する周波数がピッチとなる．ただし，自己相関関数は常に遅延時間 $\tau=0$ で最大となるので，この場所は無視する．このモデルは多くの心理実験結果，例えば

① 複合音の成分が多いほどピッチが明確である；
② 成分数が同じならば，複合音が低い周波数領域からなっているほどピッチが明確である；
③ フィルタのスペクトル分解能が高いほどピッチは明確である；
④ すべての周波数成分を Δf だけシフトさせると，ピッチが Δf に比例してシフトする．

などを説明することができる．ただし，前半部分（第 1 段階）は基底膜あるいは聴神経のレベルの情報処理メカニズムに近いと考えることができるが，第 2 段階は単なる数学的モデルであって，生理学的には場所パターンのフーリエ変換を行う機能が存在するという裏付けは見当たらない．

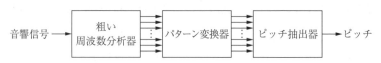

図 6.2　ピッチ知覚のパターン変換モデル（Wightman, 1973b）

6.2.2 Goldsteinの最適処理理論

Goldstein（1973）は，周期的複合音のピッチを推定するための**最適処理理論**（optimum processor theory）を提案した。図6.3は，この理論を図示したものである。まず複合音刺激は左右耳から入り，それぞれの蝸牛に対応する周波数分析器で成分音に分解される。またここで，特に両耳からの入力を取り上げたのは，周波数がnf_0と$(n+1)f_0$の純音が別々の耳に入った場合でも，基本周波数f_0に対応するピッチが知覚できるという実験結果（Houtsma and Goldstein, 1972）に基づくものである。周波数分析器は，聴覚的に分解される周波数成分のみを抽出する。

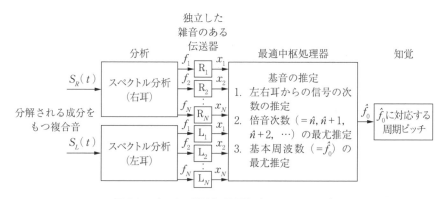

図6.3　ピッチの最適処理理論（Goldstein, 1973）

まず周波数分析器で分析された各成分は周波数情報だけが使用され，振幅や位相情報は捨てられる。各成分の周波数値f_i $(i=1, \cdots, N)$のみが雑音のあるチャネル（伝送路）を経て，最適中枢処理器に供給される。生理実験データによれば，音入力がないときでも聴神経はランダムな神経インパルスを発生するので，神経伝達機構の中で雑音があると考えることができる。Goldsteinの理論では，各チャネルの周波数成分f_iはガウス雑音のある伝送路を通過することにより，X_i $(i=1, \cdots, N)$という正規分布をもつ確率変数となる。この確率変数はそれぞれ平均値がf_iで，標準偏差は各チャネル独立である。

最適中枢処理器においては，入力周波数情報を連続する倍音次数をもつ倍音

列からなる周期的複合音とみなしている。これは当然，定常的な楽器音や母音などを意識している。中枢には，学習によって貯えられたパターンのテンプレートがあり，入力パターンとのパターンマッチングを行う。このマッチングは最尤推定法によって行われ，倍音の次数と基本周波数の最適予測がなされる。そして，複合音の基本周波数に対応するピッチが知覚されるということになる。この理論は，蝸牛の出力の分解される周波数成分から，最適処理により基本周波数を推定するものであり，周波数が場所情報により符号化されるのかあるいは時間情報により符号化されるのかということについては問題にしてはいない。

6.2.3 Terhardtの周波数分析と学習の理論

〔1〕 **ピッチ知覚の原理** Terhardt (1974) は，ピッチをスペクトルピッチ (spectral pitch) とバーチャルピッチ (virtual pitch) の2種類のピッチに分類した。純音のピッチはスペクトルピッチで，複合音のピッチはバーチャルピッチである。ピッチ知覚には二つの聴取モードがあり，分析的モード (analytic mode) で知覚されるのはスペクトルピッチであり，総合的モード (synthetic mode) で知覚されるのがバーチャルピッチである。バーチャルピッチは，調波複合音を総合的聴取した場合に知覚される基本周波数に対応するピッチである。どちらのピッチも音刺激に含まれるスペクトルピッチ手がかり (spectral-pitch cues) から得られるが，バーチャルピッチは学習過程が終了してから知覚されるようになる。

〔2〕 **分析的モードによるピッチ知覚** Terhardtは，周波数分析機能と学習機能を組み合わせたピッチ理論を構築した。図6.4に，その構成を示す。図では水平線および垂直線はそれぞれ6本しか描かれてないが，実際には多数の線（10^3のオーダー）の水平線および垂直線が存在すると考える。図の左端は，音刺激入力に対する周波数分析器である。ここで末梢系の神経興奮パターンが生じ，ピークの場所が抽出される。音刺激内に周波数f_iを含み，かつ隣接周波数成分と分離できるならば，場所x_iに2値（yesかno）のスペクトル

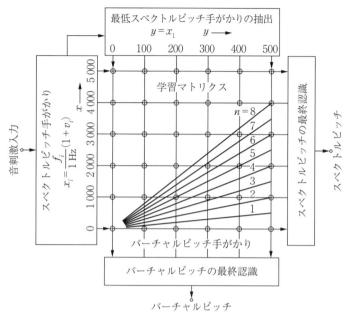

図 6.4 周波数分析機能と学習機能を組み合わせたピッチ知覚モデル
(Terhardt, 1974)

ピッチ手がかりが発生する。音刺激が調波複合音の場合には，基音から第8倍音までの成分が分解される。ここで，各成分間の相互マスキングや成分の強さの違いなどにより，スペクトルピッチ手がかりにわずかなシフトが生じ，図6.4のモデルにおいては場所のシフトが生じる。周波数 f_i に対応する場所 x_i は

$$x_i = \frac{f_i}{1\,\text{Hz}}(1+v_i) \tag{6.1}$$

となる。式中の分母の 1 Hz は，周波数の次元を無名数の次元に変更するためのものである。ここで，v_i はピッチシフトを意味している。v_i は単独で提示された音圧レベルが 40 dB の純音のときに 0 となる。異なった音圧の音や隣接倍音成分が存在する場合には，v_i は 2～3%程度の正または負の値となり，これらの値は実験結果（例えば，Terhardt, 1971a）から直接得られたものである。各周波数成分に対応するスペクトルピッチ x_i は，図6.4の右端の最終認識回路において検出される。

〔3〕 **総合的モードによるピッチ知覚のための学習段階** 図6.4の水平線と垂直線の多数の交点は学習マトリクスを構成する。図の上部は，音刺激のスペクトルピッチ手がかりの中の最低周波数成分に対応する手がかりの抽出回路である。一方，学習マトリクスには，水平線によって各倍音のスペクトルピッチ手がかりが供給されている。学習は，音声に含まれている母音を生まれて以来ずっと聴き続けていることによって行われる。母音すなわち調波複合音を繰り返し聴くことにより，基音に対してはその整数倍の周波数成分が常に存在すること，つまりスペクトルピッチ手がかりの間の相関関係を学習する。図6.4においては例えば，基本周波数がf〔Hz〕の母音の場合，$f \times n$〔Hz〕($n = 1, 2, \cdots, 8$) に対応する八つの場所からのスペクトルピッチ手がかりが水平線を通してマトリクスの交点に到達する。そのときに，最低周波数（＝基本周波数）に対応する垂直線との交点は，スペクトルピッチ手がかりと最低スペクトルピッチ手がかりの両者が流入する。両者が同時に到達するときには交点の抵抗値が減少し，水平方向の最低スペクトルピッチ手がかりを下のバーチャルピッチ手がかり検出回路へ導きやすくなる。もともと交点の抵抗値は非常に大きいが，水平線と垂直線からの手がかりが同時にそして繰り返し交叉点に到着すると，抵抗値は次第に小さくなる。この学習過程を通じて，基本周波数成分とその第8倍音までの成分は常に同時に生じることを学習する。例えば，基本周波数が100 Hz の場合は，その8倍までの整数倍のスペクトルピッチ手がかりは下のバーチャルピッチ認識回路へ導かれる。学習によって刻印される最低のスペクトルピッチ手がかりyの範囲は，母音の基本周波数の周波数範囲からおおよそ$50 < y < 500$ である。

一つのスペクトルピッチ手がかりは八つのバーチャルピッチ手がかりを作ることが可能である。そこで，複合音が入ると多数のバーチャルピッチ手がかりがマトリクスの垂直出力に現れることになる。

〔4〕 **学習後の認識段階** 学習が終わると，基音が欠如している複合音でもいずれかの倍音が欠如した複合音でも，同一のバーチャルピッチをもつ複合音と知覚されるのである。また，全体の成分を同一周波数だけシフトした非調

波複合音のピッチも説明できる。さらに，式 (6.1) からオクターブ伸長現象も説明できる。ただし，この式 (6.1) の元になった実験結果に関しては，ほかの研究者たちからは異なる結果が得られている（5.4.7 項参照）。

6.2.4　パターン認識モデルへの批判

Moore and Rosen (1979) は，基本周波数が 100 〜 200 Hz の範囲のパルス列音を遮断周波数が 2 kHz あるいは 4 kHz の高域通過フィルタを通した音で簡単な旋律を作成し聴取者に同定してもらったところ，分解されない高次の倍音のみからなる複合音の場合においても，ある程度の同定が可能であることを示した。このことは，音程判断すなわちピッチの情報が分解されない高次の倍音群にも含まれていることを意味している。また，Houtsma and Smurzynski (1990) は，分解されない高次の倍音のみよりなる複合音（最高で 20 次から 30 次までの倍音までの範囲まで拡大）においても，音程判断がある程度は可能であることを明らかにした（5.5.4 項参照）。これらの結果はパターン認識モデルでは説明できない。

6.3　Moore のモデル

Moore (1989, 2012) は，複合音のピッチは音刺激によって生じるすべての聴神経の応答の中の最も頻度の高いインパルス間時間間隔 (interspike interval, ISI) に対応すると考えた。図 6.5 に彼のモデルを示す。第 1 段階は通過帯域が部分的に重なる帯域通過フィルタ（聴覚フィルタ）群で，中心周波数（＝特徴周波数）f_c の順に並んでいる。各フィルタの出力は，図 5.3 からわかるように，中心周波数が低い場所では倍音群が分解されて正弦波に近い波形になる。しかし，f_c が高い場所では複数の倍音に対する出力が重なり複雑な波形となるが，その波形のピーク時間間隔は複合音波形の繰り返し周期と等しくなる。

第 2 段階は各フィルタの出力を神経インパルスに変換する段階である。例えば，複合音の基本周波数が 200 Hz の場合には，フィルタの f_c が低い場所では

複合音が分解され ISI は 5 ms やその倍数になる頻度が多いが，f_c が 400 Hz の場所であると ISI は 2.5 ms およびその倍数になり，さらに f_c が高い場所では複合音は分解されなくなり，ISI は波形の包絡線の周期の 5 ms とそれ以外のさまざまな値になるであろう（Javel, 1980）。

第 3 段階では，それぞれの f_c の場所での ISI の分析を行う。また第 4 段階は異なる場所における ISI の比較を行い，頻度の多い ISI を選択する。基本周波数が 200 Hz の複合音の場合には，多くの場所で ISI が 5 ms となる頻度が高いので，たとえ基音が除去されていてもピッチは 200 Hz と等しくなるというわけである。周波数成分が少なく高い倍音群だけの場合には，判断のときの文脈により，複合音の基本周波数，部分音，波形のピーク間間隔などのいずれかに選択されることになる。

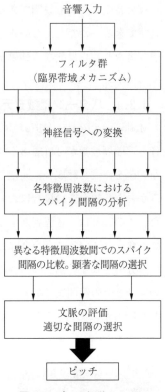

図 6.5 ピッチ知覚のモデル
（Moore, 1989）

第7章
西洋音楽におけるピッチ問題

7.1 音高と音程

　本章では西洋音楽におけるピッチの問題を扱うが，ピッチという用語はしばしば基準ピッチ（standard pitch）あるいは演奏会ピッチ（concert pitch）の意味に使用されるので，本章では「音高」という用語も使うことにする。

　音高は，五線譜上では縦方向の上下の位置で表示され，それぞれに名前がついている。本書では英語による音名で表示する。各音名には音の周波数（複合音の場合は基本周波数）が対応しているので，1オクターブ異なる音の音名は同じになる。オクターブの違いに対応するために，数字をつける。ピアノ（88鍵）の最低音はA0で，最高音はC8である。なお，音楽の分野では振動数という用語を使用することが多いが，ここでは本書内での用語の統一のために周波数という用語を使用する。周波数とは1秒間当りの振動数を意味する。

　音程（musical interval）とは，二つの音に着目した場合の音高のへだたりをいう。したがって，音程が高いとか低いとかいうべきではなく，音程は広いとか狭いというべきである。一つの音に着目した場合には，「音程が高い」ではなく「ピッチが高い」，「音高が高い」などというべきであるが，最近では音楽家でもしばしば「音程が高い」などということがある。むしろ，「音が高い」ならば正しい表現といえよう。

　また音程という用語は感覚的な印象以外の意味でも使用されるので，本書では，音程を

① 五線譜上の音程，つまり長3度とか完全5度という場合（音楽学的音程）；
② 二つの音の基本周波数の比あるいはそのセント値（7.3.1項参照）を数字として表す場合（物理的音程）；
③ 二つの音の高さのへだたりに対する感覚的な印象を表現する場合（心理的音程）。

の三つの意味に使うことにする。

7.2 基準ピッチ

7.2.1 歴史的変遷

オーケストラの演奏の前にオーボエが基準音（A4）を長く吹き，ほかの楽器がそれに従う風景はおなじみであるが，このA4の音高がその演奏会の基準ピッチである。基準ピッチの周波数は，現在は国際基準によって440 Hzとなっているが，これを何Hzにするかについては歴史的変遷があった。

昔の基準ピッチについては，パイプオルガンが残っている場合や音叉（1711年に発明）が残っている場合には推定することが可能である。Helmholtzの英訳本（Helmholtz, 1954）の中に，翻訳者のEllisがつけ加えた表（pp.495-511）に多くの例が掲載されている。これらのデータを見ると，17世紀には地域や時代によって大きく異なるが，374 Hzから567 Hzまでの広い範囲にばらついている。その後，18世紀の後半から19世紀の当初にかけては420〜430 Hzと概して低めであった。また，ヘンデルの音叉（1751年）やモーツァルトのクラヴィコードを製作したシュタインの音叉（1780年）はほぼ422 Hzであった。その後はEllisの表から次第に高くなっていく傾向が見てとれる。この原因として考えられる要因はいくつかある。例えば

① 19世紀になって，それまでより大きなホールやオペラハウスでの演奏会が多くなり，18世紀の楽譜で演奏する場合に，クライマックスにおいてより華やかな感じを表現するためにより高いピッチが要求された；

② ピアノの弦が強く張られるようになり，それを支える頑丈な鉄製のフレームが導入された；

③ 管楽器のピッチが高く設定されるようになった。

しかしながら，いくつかのヨーロッパのオペラハウスでは，歌手たちがモーツァルトの時代よりも半音以上高い発声を強制されることになり，声帯に過度な負担を与えるという問題も生じてきた。また，演奏会の基準ピッチを国際的に揃えないとさまざまな不便が生じることから，基準ピッチに関する国際会議が開催され，1859年のパリ会議ではフランス政府から提案された435 Hz（15℃において）が承認された。さらに，1885年のウィーン会議でも435 Hzが決議された。20世紀になってラジオ放送が始まり，放送業界からの要望もあり，最終的には1939年のロンドン会議において，A = 440 Hzが採択された。イギ

表7.1 基準ピッチの変遷

年（西暦）	周波数〔Hz〕	
1619	567.3	北ドイツ教会ピッチ
1648	373.7	パリ，メルセンヌのモデル
1751	422.5	ヘンデルの音叉（英国）
1780	421.6	モーツァルトのクラヴィコードを製作したシュタインの音叉
1780	421.3	オルガン製作者シュルツの音叉
1789	395.8	ヴェルサイユ
1811	427	パリ　グランドオペラ
1820	422.5	ロンドン　ウェストミンスター大寺院
1820	423	パリ　オペラコミック
1834	436.5	ウィーン　オペラ　音叉Ⅱ
1834	439.4	ウィーン　オペラ　音叉Ⅲ
1834	440.3	ウィーン　オペラ　音叉Ⅳ
1834	441.1	ウィーン　オペラ　音叉Ⅴ
1834	441.8	ベルリン　オペラ
1845	445.4	ウィーン　音楽院
1859	435	パリ会議（15℃）
1859	449.8	プラハ　オペラ
1867	451.7	ミラノ　スカラ座
1878	441.2	ロンドン　コヴェントガーデン　オペラ
1879	457.2	ニューヨーク　スタインウェイの音叉
1880	450.9	ボストン音楽ホール
1885	435.4	ウィーン会議
1939	440	ロンドン会議
1955	440	ISO（国際標準化機構）により決定（1975年に再確認）

リス放送協会（BBC）は，水晶発振器を用いた電子回路で正確な 440 Hz の放送を始めた。

それ以降，国際規格は A = 440 Hz となっているが，日本では長い間パリ会議の採択に従い A = 435 Hz となっていたが，1948 年に文部省が A = 440 Hz と変更した。日本では，NHK がラジオ放送において毎正時の前に 440 Hz の純音（短音）を 3 回鳴らし，また正時にはその 1 オクターブ上の 880 Hz の純音（長音）を時報として放送している。テレビはアナログの時代に同様に放送していたが，テレビ放送システムがディジタル化されてからは時間が正確には合わなくなったため，時報の放送は中止された。

表 7.1 は，Helmholtz の英訳本の中に翻訳者の Ellis がつけ加えた表（pp.495～511）からいくつかを選び出したものに，国際会議の結果を付記したものである。

7.2.2　演奏における基準ピッチ

国際的な基準ピッチが決まっているにもかかわらず，国やオーケストラによっては必ずしも演奏会のときに基準ピッチ通りに演奏しているわけではない。例えば，イギリスでは 440 Hz であるが，ドイツやオーストリアでは高めであるといわれている。実際の演奏の CD からオーケストラの基準ピッチを測定した結果（高澤・西川，1996）によれば，イギリスのオーケストラの基準ピッチは 440～441 Hz，ウィーンフィルの場合は 445 Hz となっている。また，日本では 442 Hz とすることが多いようである。

古楽器演奏によるバロック音楽の基準ピッチは一般的には 415 Hz が使われるが，当時の基準ピッチはばらつきが多かったので，必ずしも当時の基準ピッチに忠実なわけではない。415 Hz は 440 Hz のちょうど半音だけ低い音になっている。

7.3 音律とは何か

音律とは「音高の相対的な関係を数理的に規定したものをいう」と定義されている（平凡社：音楽大事典）が，厳密には，音高という心理量の相対的関係ではなく，楽音の基音の周波数（基本周波数）という物理量の相対的関係を規定したものである．7.2.1項で述べたように，国際的な規格によって，中央A音（1点イ音）の基本周波数（基準ピッチと呼ぶこともある）は，440 Hzと決められている．弦楽器の場合は演奏者が自分で音高を決めることができるが，鍵盤楽器の場合は調律師がすべての音の基本周波数（以後，本章では周波数と略すことがある）を決めなくてはならない．その場合の数理的規則を定めたものが音律である．音律は規則なので無限に存在しうる．

歴史的に見ると，8世紀までの古代には単声音楽（モノフォニー）のみが演奏された時代であった．9世紀から14世紀末までを中世というが，中世には多声音楽（ポリフォニー）が起こり発展した．その間，多声音楽としては，完全4度，完全5度，完全8度の重ね合わせ（オルガヌム）が主であった．中世まではピタゴラス音律が用いられていたが，15世紀ごろから長3度の重ね合わせが多く用いられるようになってから，ピタゴラス音律では長3度和音が濁った音色（wolf）になるので，中全音律や純正律，その他の音律が出現し，現在では鍵盤楽器では基本的には平均律が採用されている．ただし，平均律そのままでは問題があるので修正を施している（7.3.6項参照）．以下，主要な三つの音律について述べるが，どのような音律でも，ある2音間の音程と周波数の比の関係は大まかには同じである．ただし，1オクターブ離れた2音（すなわち，同じ音名をもつ）の周波数比は，どのような音律においても正確に1：2である．以下，完全5度は2：3，完全4度は3：4，長3度は4：5，短3度は5：6となるが，正確にこの比となった場合には2音を重ねたときに生じるうなりが最小になり，澄んだ音色となる．周波数比が単純な整数比の場合の音程を「純正な」（pure）と表現する．各音程の周波数比は音律によってわず

かに異なり，異なった音律による演奏は当然異なって感じられる。

7.3.1 平　均　律

〔1〕 **平均律の定義**　はじめに歴史的には最も新しいが，現在鍵盤楽器の調律に基本的に使用されている**平均律**（equal temperament）について述べる。西洋音楽においては，1オクターブ（周波数比＝2）は12の半音（semitone）からなっている。平均律のequalは等しいという意味であるが，半音に対応する2音の周波数の差が等しいのではなく，2音の周波数の比が等しいのである。

1オクターブには12の半音があるから，半音の周波数比をaとすると

$$a^{12} = 2 \tag{7.1}$$

したがって，

$$a = 2^{1/12} = 1.059463\cdots \tag{7.2}$$

となる。すなわち，どの音でも半音上がると周波数は5.946％（約6％）だけ上昇する。

つぎに，全音（whole tone）に対応する周波数比は

$$2^{1/6} = 1.122462\cdots \tag{7.3}$$

となり，どの音でも全音上がると周波数が12.246％だけ上昇することになる。平均律を定義すると，「平均律とは，半音の周波数比を$2^{1/12}$（＝1.059463…）とした音律である」となる。

平均律では，調が変わっても（主音の音名が変わっても）主音とその他の音との関係（周波数比）が変わることはない。したがって転調をしても，どの調でも演奏が可能であり，基本的には鍵盤楽器の調律に向いている。また例えば，F音を半音上げた$F^\#$音とG音を半音下げた$G^\flat$音は異名同音（enharmonic）と呼ばれ，同じ周波数になる。

〔2〕 **音程の物理的記述法 - セント**　楽譜上では同じように記譜されていても，音律によって音高（周波数）は異なるのである。それらのわずかな違いを正確に表現するために，平均律における半音の周波数比を100セントとするような**セント**（cent）という単位が，現在一般的に用いられている。

7.3 音律とは何か

セントは，二つの音の音高のへだたり（音程）を物理的に数値で表すための単位である．二つの音の間の音程（長3度とか完全5度など）は，前述のように周波数の差ではなく比に対応する．人の感覚量における差は，刺激の値の差ではなく，比に対応するからである．平均律は，半音を100セント，全音を200セント，オクターブを1200セントとしたものである．そうすると，1セントに対応する周波数比を100回掛け合わせると $2^{1/12}$ であるから，1セントの周波数比を R とすると，

$$R = 2^{1/1200} = 1.000577\cdots \tag{7.4}$$

となる．

〔3〕 各音の周波数と音程関係　平均律における各音の周波数は，A4音から半音上がるごとに，A4の周波数440 Hzに式(7.2)の a の値（$=2^{1/12}$）を掛ければ求まり，また半音下るごとに a で割ればよい．**表7.2** に計算した結果を示す．なお，88鍵のピアノの音は，A0〜C8（27.5〜4186 Hz）までの範囲である．なお，基準ピッチが442 Hzに調律されていれば，この表の値をすべて（442/440）倍すればよい．

表7.3 は，平均律におけるハ長調全音階各音の相対周波数（C=1とする）と隣接音間の音程（セント）およびC音からの音程（セント）を示す．

〔4〕 5　度　円　C音を上にして円を描き，30度ごとに区切って，右まわりに完全5度上の音名（英語表記）を順次記入していくと，**図7.1** に示すように，C, G, D, A, E, B, F#, C#, G#, D#, A#, E#, Cのように完全5度を12回重ねると同じ音名になる．この図を **5度円** あるいは5度圏（circle of fifths）と呼んでいる．純正な完全5度は周波数比が正確に2:3で702セントであるが，平均律では完全5度は700セントである．5度円の各5度区間の -2 という表示は，純正完全5度よりも2セントだけ狭いことを意味している．5度円を一周すると8400（$=700 \times 12$）セントになり，7オクターブ（$=8400 \div 12$）に対応する．一方，左まわりに完全5度下の音名を順次記入（括弧内）していくと，C, F, B♭, E♭, A♭, D♭, G♭, C♭, F♭, B♭♭, E♭♭, A♭♭, Cのようになる．平均律では，5度円上の同じ位置にある音はF#とG♭のよう

7. 西洋音楽におけるピッチ問題

表 7.2 平均律各音の周波数 (A4＝440 Hz)

音名	C	$C^{\#}/D^{b}$	D	$D^{\#}/E^{b}$	E	F	$F^{\#}/G^{b}$	G	$G^{\#}/A^{b}$	A	$A^{\#}/B^{b}$	B
C0	16.35	17.32	18.35	19.45	20.60	21.83	23.12	24.50	25.96	27.50	29.14	30.87
C1	32.70	34.65	36.71	38.89	41.20	43.65	46.25	49.00	51.91	55.00	58.27	61.74
C2	65.41	69.30	73.42	77.78	82.41	87.31	92.50	98.00	103.83	110.00	116.54	123.47
C3	130.81	138.59	146.83	155.56	164.81	174.61	185.00	196.00	207.65	220.00	233.08	246.94
C4	261.63	277.18	293.66	311.13	329.63	349.23	369.99	392.00	415.30	440.00	466.16	493.88
C5	523.25	554.37	587.33	622.25	659.26	698.46	739.99	783.99	830.61	880.00	932.33	987.77
C6	1 046.50	1 108.73	1 174.66	1 244.51	1 318.51	1 396.91	1 479.98	1 567.98	1 661.22	1 760.00	1 864.66	1 975.53
C7	2 093.00	2 217.46	2 349.32	2 489.02	2 637.02	2 793.83	2 959.96	3 135.96	3 322.44	3 520.00	3 729.31	3 951.07
C8	4 186.01	4 434.92	4 698.64	4 978.03	5 274.04	5 587.65	5 919.91	6 271.93	6 644.88	7 040.00	7 458.62	7 902.13
C9	8 372.02	8 869.84	9 397.27	9 956.06	10 548.08	11 175.30	11 839.82	12 543.85	13 289.75	14 080.00	14 917.24	15 804.27

表7.3 平均律におけるハ長調全音階各音の相対周波数と音程関係

	C	D	E	F	G	A	B	C
相対周波数	1	$2^{2/12}$	$2^{4/12}$	$2^{5/12}$	$2^{7/12}$	$2^{9/12}$	$2^{11/12}$	2
隣接音間音程〔セント〕		200	200	100	200	200	200	100
C音からの音程〔セント〕	0	200	400	500	700	900	1 100	1 200

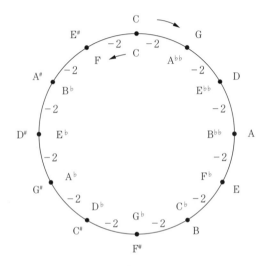

図7.1 平均律における5度円

に音名は異なっていても同じ音（異名同音；enharmonic）になる。また平均律では，♯や♭のような臨時記号をつけて高くしたり低くした場合の半音を半音階的半音といい，全音階に含まれる半音（E-F，B-C）を全音階的半音という。

7.3.2 ピタゴラス音律

ピタゴラス（Pythagoras：B.C.6世紀に活躍したギリシャの哲学者）は，弦の長さの比が1:2（オクターブ），2:3（完全5度），3:4（完全4度）であるような2弦を同時に振動させたときの音は，ほかの長さの比の場合の音よりもはるかに快い響きを与えることを発見していた。これらの音程は，中世以後に知られるようになった4:5（長3度），5:6（短3度）などの音程ととも

に，西洋音楽の基礎となった．音響学が発展し，音高が周波数に依存していることが明らかになったのは 16 世紀以降のことであった．

以下，ハ長調の場合について述べる．ほかの調の場合には，その調の主音を C と入れ替えればよい．

〔1〕 **各音の周波数と音程関係**　　ピタゴラス音律（Pythagorean tuning）を構成するには，まず C 音の周波数を 1 とする．ついで，完全 5 度上の G 音の周波数は C 音の周波数を 3/2 倍する．すなわち，$1 \times (3/2) = 3/2$ である．つぎに，G 音の完全 5 度上の音は D 音なので，D 音の周波数を求めるためには G 音の周波数 3/2 を 3/2 倍する．すなわち，D 音の周波数は $(3/2) \times (3/2) = 9/4$ となる．この D 音は 1 オクターブ高いので，1 オクターブ下げるために 2 で割ると $9/4 \div 2 = 9/8$ となる．このようにして計算をしていくと，**表 7.4** の全音階各音の相対周波数と隣接音周波数比が求められる．これらの値から，7.3.5 項に示す「音程の数値化 - セントの計算方法」に基づいて，各音間の音程（セント）を計算すると，表 7.4 の下段 2 行のようになる．ただし，F 音は C 音の周波数（=1）を 3/2 で割り，1 オクターブ低い F 音の値を求め，2 倍したものである．

表 7.4　ピタゴラス音律におけるハ長調全音階各音の相対周波数と音程関係

	C	D	E	F	G	A	B	C
相対周波数	1	9/8	81/64	4/3	3/2	27/16	243/128	2
隣接音周波数比		9/8	9/8	256/243	9/8	9/8	9/8	256/243
隣接音間音程〔セント〕		204	204	90	204	204	204	90
C 音からの音程〔セント〕	0	204	408	498	702	906	1 110	1 200

全音の周波数比の値は 9/8（=1.125）である．これをセント値で表すと 204 セントとなり，平均律の場合よりも 4 セントだけ広い．また，E-F，B-C の半音を全音階的半音と呼ぶ．この比の値は 256/243（=1.0535）となっている．セント値で表すと 90 セントとなり，平均律の場合よりも 10 セントだけ狭い．

長 3 度の周波数比は 81/64（=1.2656），つまり 408 セントであり，平均律

の場合と比べると8セントだけ広い。

〔2〕 **ピタゴラス音律における5度円**　ピタゴラス音律は，完全5度上に対応する音の周波数を 3/2（2分の3倍，右まわり）あるいは 2/3（3分の2倍，左まわり）として構成した音階である。例えば，Cから右まわりに完全5度を12回とると，702×12＝8 424セントとなり，平均律の場合の8 400セントより24セントだけ多くなる。この値をピタゴラス・コンマ（Pythagorean comma）という。そこで例えば，5度円上でCから右まわりで完全5度（702セント）を10回とり，Cから左まわりに完全5度を1回とると，$A^{\#}$音とF音の間の完全5度は678セント（＝8 400−702×11＝678）となり，ほかの完全5度よりも24セントだけ狭くなる。図7.2は，ピタゴラス音律の場合の5度円を示す。また表7.4は，この場合のピタゴラス音律の各音の周波数関係を示したものである。狭い完全5度（678セント）をどの場所に置くかによって，12種類のピタゴラス音律ができることになる。

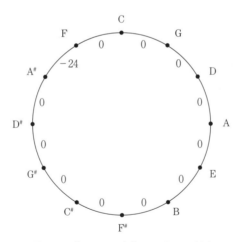

図7.2　ピタゴラス音律における5度円

なお，$F^{\#}$と$G^{\flat}$のように，5度円上で同じ位置であるが異名の音は，平均律では同じ周波数であるが，ほかの音律では一般的には異なった周波数になる。

〔3〕 **全音階的半音と半音階的半音**　半音には，全音階的半音（diatonic

semitone）と半音階的半音（chromatic semitone）の2種類がある。C, D, F, G, Aの各音とそれらに♯をつけた音の間の音程およびD, E, G, A, Bの各音とそれらに♭をつけた音との間の音程を，半音階的半音と呼ぶ。半音階的半音の値を求めるために，ここでF♯音の値を求める。F♯音はB音の完全5度上であるから，表7.4から，F♯ = (243/128) × (3/2) ÷ 2 = (729/512) となる。したがって，FとF♯の周波数比は，(729/512) ÷ (4/3) = 2187/2048（= 1.0679）となり，この値が半音階的半音の周波数比の値で，114セントに対応する。C～Bの各音に♭をつけたときの周波数は，各音の周波数を2187/2048（= 1.0679）で割ればよい。また♯をつけたときは，2187/2048（= 1.0679）を掛ければよい。あるいは114セントを増減すればよい。したがって，一般的に♯系が♭系よりも高くなる。F♯はG♭よりも高い。

全音階的半音（256/243 = 1.0535）と半音階的半音の比は，1.0679/1.0535 = 1.01364（= 24セント）となる。この値は，(3/2) の12乗（531441/4096 = 129.746）と2の7乗（= 128）の比（= 1.01364）に等しい。この値は先に求めたピタゴラス・コンマである。

〔4〕 **ピタゴラス音階の特徴**　単旋律を弦楽器で美しく演奏するには，全音はやや広く，半音は狭く演奏しなくてはならない（Heman, 1964）。ピタゴラス音律は，まさにこの単旋律のための音律である。和音を演奏する場合には，4度および5度を重ねても簡単な整数比となっているのでうなりがなく美しいが，長3度および短3度に対応する2音の周波数比が簡単な整数比になっていないので，ピタゴラス音律の3度は濁って感じられる。さらに，曲の途中で転調すると新しい調の音階の各音間の周波数比が異なってくるので，旋律も不自然になり，和音もきたなくなることがある。したがって，鍵盤楽器の調律には使用しない。

7.3.3　純　正　律

ピタゴラス音律では，3度の重ね合わせが濁っている。そこで，長3度の周波数比をわずかに小さくしてその値を5/4とすると，濁りがなくなり澄んだ

響きになる。

　C音を基準として，D, E, F, G, A, B各音までの周波数比のうち，D, F, Gの各音までの周波数比はピタゴラス音律と同じである。すなわち，残りのE, A, Bをどのように決めるかだけが問題となる。7.3.2項で述べたように，ピタゴラス音律では，主音，下属音，属音の上の長三和音（C：E：G，F：A：C，G：B：D）のうちの最初の音と2番目の音が5/4（=1.25）の周波数比よりもやや高くなっている（81/64=1.2656；408セント）。このことによって，ピタゴラス音律では長3度の2音が融合せず，うなりがあって濁るのであった。そこで，これらの音をやや低くして，1番目の音との周波数比がちょうど4：5になるようにする。そうすると主和音，下属和音，属和音をそれぞれ構成する3音の周波数比がすべて4：5：6となり，各和音のハーモニーが美しくなる。この音律を**純正律**（just intonation）という。

　以下，ハ長調の場合について述べる。ほかの調の場合には，その調の主音をCと入れ替えればよい。

〔1〕　**純正律音階の作成方法**　　主音，下属音，属音の上の長三和音（C：E：G，F：A：C，G：B：D）の各周波数比を4：5：6とする。すなわち

　　　　Cを1とすると，E=5/4,　　G=3/2
　　　　B=(3/2)×(5/4)=15/8,　　D=(3/2)×(3/2)×(1/2)=9/8
　　　　F=2×(2/3)=4/3,　　A=(4/3)×(5/4)=5/3

これらの各音間の周波数比からセント値を計算（7.3.5項参照）すれば**表7.5**が得られる。

表7.5　純正律におけるハ長調全音階各音の相対周波数と音程関係

	C	D	E	F	G	A	B	C
相対周波数	1	9/8	5/4	4/3	3/2	5/3	15/8	2
隣接音周波数比		9/8	10/9	16/15	9/8	10/9	9/8	16/15
隣接音間音程〔セント〕		204	182	112	204	182	204	112
Cからの音程〔セント〕	0	204	386	498	702	884	1088	1200

〔2〕　**全音と半音**　　全音には2種類ある。C-D, F-G, A-Bを大全音と呼び，周波数比は9/8（204セント），D-E, G-Aを小全音と呼び，周波数比は

10/9(182セント)である。大全音と小全音の比は (9/8)/(10/9)=81/80 となる。この値をシントニック・コンマ(syntonic comma)という。セントで表すと 204－182＝22 セントになる。

半音も2種類あり，E-F，B-C のように全音階上の半音(ピアノの白鍵間に対応)を全音階的半音と呼ぶ。この比の値は 16/15(＝1.0666)となっている。この比の値はセント値で表すと，112 セントである。

またもう一つの半音は臨時記号をつける場合に現れる半音で，半音階的半音という。半音階的半音は，長3度と短3度の比 (5/4)/〔(3/2)/(5/4)〕＝25/24 によって表される。セント値で表すと，直前の式の掛算と割算を加算と減算にして 386－(702－386)＝70 となる。すなわち，半音階的半音は 70 セントである。

〔3〕 **純正律における5度円**　図 7.3 に5度円を示す。この場合は D-A の完全5度が－22 セントと純正音程から大きく外れていること，それに B-F$^{\#}$，D$^{\#}$-A$^{\#}$ の完全5度も同じになっており，さらにそれらを補償するために A$^{\#}$-F の完全5度が＋42 セントとなっている。到底，鍵盤楽器の調律には採用できないことが明らかである。

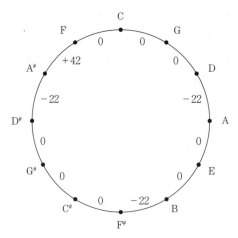

図 7.3　純正律における5度円

7.3 音律とは何か

〔4〕純正律音階の特徴 長所としては，主和音，属和音，下属和音がよく融合して美しい。これは，各和音の3音の周波数比が4:5:6という単純な整数比になっているからである。単純な整数比をもつ複合音がよく協和することは，協和性理論によっても示される。

短所としては，全音には2種類あるので，転調しなくても音階を聴くと不自然に聴こえることが大きい。さらに，DとAの完全5度は，表7.5からわかるように680セントとなり，702セントから22セントも狭くなっているので，DとAの2音を重ねると濁った響きになる。また，ピタゴラス音律と同様に曲の途中で転調すると新しい調の音階の各音の周波数比が異なり，旋律も不自然になり，また和音も聴くに耐えないほど濁ってくることがある。

7.3.4 その他のおもな音律

音楽が古い時代のように単声音楽のみならばピタゴラス音律だけでよかったが，中世以降の多声音楽の時代になると，旋律の美しさと和音の美しい響きの両者を両立させるためにさまざまな音律が提案され実用化された。その中のいくつかについて簡単に述べる。

〔1〕中全音律 中世になって長3度の和音が使われるようになると，残響時間の長い教会でのピタゴラス音律で調律されたパイプオルガンの長3度を含む和音は濁りが目立つようになった。また，純正律は和音が美しく響くという長所があったが，全音に大全音と小全音があり，旋律的には不自然になるという大きな問題もあった。**中全音律**（meantone temperament）は，長3度和音の美しさを保存しかつ完全5度の響きをできるだけ損なわないようにする方式である。中全音律には多くの変形もあるが，代表的な Aron (1490-1545; Aaron とも書く) の中全音律について述べる（Barbour, 1951, Table 22）。図7.4に示すように，5度円に沿って右方向に四つの完全5度をとると，C-E は長3度になるので，この長3度を純正（386セント）とすれば，音程（=1 200×2+386）は2 786セントになる。ここで，C-G，G-D，D-A，A-E の四つの完全5度を4等分するために2 786セントを4で割ると，四つの完全5度は

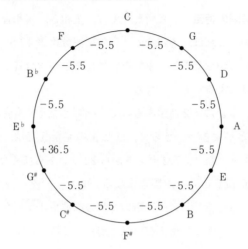

図7.4 中全音律における5度円

696.5セント（=2 786/4）となる．また残りの八つのうち七つの完全5度は同じく696.5セントとすると，最後の一つ（G#-E♭）は純正5度よりも36.5セントも広くなる．したがって，この完全5度は濁りが大きくて実用には適さないが，♯が三つまであるいは♭が二つまでの調には中全音律が使用されていた．なお，調による音程関係の違いを調べた結果によれば，これらの調はハ長調ときわめて近い音程関係になる（大串，1995）．また純正長3度は386セントなので，純正律の大全音（204セント）と小全音（182セント）の和となる．そこで，この平均値193セント〔=(204+182)/2)〕を全音とし，この全音は中全音と呼ばれた．全音は1種類だけである．また短3度は310セントとなり，純正律の短3度316セントよりも6セント狭くなっている．

〔2〕 **ヴェルクマイスター音律** 中全音律では，♯や♭の多い調では濁りが多くなって演奏ができなかったので，すべての調でなんとか演奏可能な音律が求められてきた．そこで登場したのが，Werckmeister（1645-1706）である．Werckmeisterは，多種類のウエル・テンペラメント（well temperament）を提案しているが，現在最も有名なのは第1法（1691）で，**ヴェルクマイスター音律**といえば通常，この第1法を指している（Barbour, 1951；Table 140）．この

7.3 音律とは何か

音律は，図7.5に示すように，ピタゴラス・コンマの24セントを四つの完全5度（C-G, G-D, D-A, B-F#）に6セントずつ分割し，696セントとする。ほかの八つは純正5度（702セント）とする。ただし，長3度は，390〜408セントの範囲，短3度は294〜312セントの範囲の数種類生じる可能性があり，いずれも純正ではない。調ごとに音程関係が異なるので，このことを調による個性があるとプラスに解釈する人もいる。

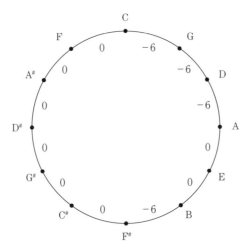

図7.5　ヴェルクマイスター音律における5度円

第3法は五つの完全5度（D-A, A-E, F#-C#, C#-G#, F-C）を696セントとし，一つの完全5度（G#-D#）を708セントとした方式もある（Barbour, 1951：Table 141）。

しかしながら，彼は平均律に反対して，「私は，最もよく使用する全音階的な調がより純正になるように，全音階音間をより純正に保ちたい（Hypomnemata musica, 1697）。」と述べている（Rasch, 1985）。しかし，上記の第1法や第3法では，C-G, G-D, D-Aなどのハ長調，ト長調，ニ長調の完全5度が必ずしも純正にはなっていない。

〔3〕**キルンベルガー音律**　　Kirnberger（1721-1783）は，彼の音律の中で最も有名な**キルンベルガー音律**第3法を1779年に発表した。この音律は，

図7.6に示すように,シントニック・コンマの22セントを四つの完全5度(C-G, G-D, D-A, A-E)に5.5セントずつ分割し,残りの2セントは$F^{\#}$-$C^{\#}$間の完全5度から引く。その他の完全5度は純正(702セント)とする。このようにして,純正な完全5度を七つ作り,中全音律の$G^{\#}$-E^{b}間の広い完全5度(738.5セント)の濁りを消している。

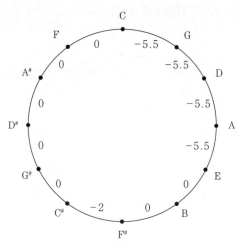

図7.6 キルンベルガー音律における5度円

7.3.5 音程の数値化 − セントの計算法

〔1〕**基本事項** 先の式(7.4)によれば,1セントに対応する周波数比Rは$2^{1/1200}$であった。セント値は二つの音の周波数の比を対数的に表現するものである。比の値をいくつか重ねる場合は掛算・割算で計算するが,セント値を用いる場合には加算・減算で計算できる。二つの音の周波数をそれぞれf_h(高いほうの周波数),f_l(低いほうの周波数)とし,これらの二つの音の周波数に対応するセント値をcとすると,

$$\log_{10}\left(\frac{f_h}{f_l}\right)=\log_{10}2^{c/1200}=\left(\frac{c}{1200}\right)\times\log_{10}2 \tag{7.5}$$

ここで,

$$\log_{10}2=0.3010 \tag{7.6}$$

であるから

$$c = \left(\frac{1200}{0.3010}\right) \times \log_{10}\left(\frac{f_h}{f_l}\right) \tag{7.7}$$

表7.6は，cとf_h/f_lの関係を示している。

表7.6 2音の周波数比（真数）とセント値の関係

セント	真数 (f_h/f_l)	セント	真数 (f_h/f_l)	セント	真数 (f_h/f_l)
1	1.00058	22	1.01279	43	1.02515
2	1.00116	23	1.01338	44	1.02574
3	1.00173	24	1.01396	45	1.02633
4	1.00231	25	1.01454	46	1.02692
5	1.00290	26	1.01513	47	1.02752
6	1.00347	27	1.01572	48	1.02811
7	1.00405	28	1.01630	49	1.02870
8	1.00463	29	1.01690	50	1.02930
9	1.00521	30	1.01748	100	1.05946
10	1.00579	31	1.01806	200	1.12246
11	1.00637	32	1.01865	300	1.18921
12	1.00695	33	1.01924	400	1.25992
13	1.00754	34	1.01983	500	1.33484
14	1.00812	35	1.02042	600	1.41421
15	1.00870	36	1.02101	700	1.49831
16	1.00930	37	1.02160	800	1.58740
17	1.00986	38	1.02219	900	1.68179
18	1.01045	39	1.02278	1 000	1.78180
19	1.01103	40	1.02337	1 100	1.88775
20	1.01162	41	1.02396	1 200	2.0
21	1.01220	42	1.02455		

〔2〕 **表の見方と計算例** セント値の領域での加算は，真数（周波数比）の領域では掛算となる。例えば，10セントと20セントを加えれば30セントであるが，各セント値に対応する真数の1.00579と1.01162を掛けると1.01748となる。なおこの表では，小数点以下5桁目は4捨5入している。

【計算例1】 440 Hzの音に対して，4セント高い音および低い音はそれぞれ何Hz

になるか？

【答1】 表7.6の4セントの真数（1.00231）を440に掛けると，440×1.00231 = 441.0 Hzとなり，4セント低い音は440÷1.00231 = 439.0 Hzとなる。

【計算例2】 440 Hzよりも70セント高い音および低い音はそれぞれ何Hzになるか？

【答2】 表7.6の50セントの真数（1.02930）と20セントの真数（1.01162）を440に掛ける。

$$440 \times 1.02930 \times 1.01162 = 458.2 \text{ Hz}$$
$$440/(1.02930 \times 1.01162) = 422.6 \text{ Hz}$$

【計算例3】 古楽器の演奏の基準ピッチは415 Hzとされる場合がある。440 Hzに比べて何セント低くなっているか？

【答3】 440/415 = 1.06024。この値は表7.6の100セントの真数よりも大きいので

$$1.06024/1.05946 = 1.00074$$

となる。この値は表7.6から1セントと2セントの間になる。そこで，表7.6から

$$(1.00074 - 1.00058)/(1.00116 - 1.00058) = 0.275$$

したがって，101.3セントとなる。

【計算例4】 1879年のニューヨークのスタインウェイの音叉は457.2 Hzであった（表7.1）。この値は基準ピッチの440 Hzよりも何セント高いか？

【答4】 457.2/440 = 1.03909。この値は50セントの真数よりも高いので，1.03909/1.02930 = 1.00951。この値は表7.6によれば，16.4セントになる。したがって，50セントを加えれば，66.4セントとなる。

7.3.6 ピアノの調律曲線と心理的評価

〔1〕 ピアノの調律曲線　理想的な調波複合音においては，第n倍音（= 第n部分音）の周波数は基本周波数のn倍である。しかし，ピアノの弦では第n部分音は基本周波数のn倍よりもわずかではあるが大きな値になっている。このことを弦の非調波性（inharmonicity）という。この傾向は古くから知られており，中音域よりも高音域および低音域で著しい（Schuck and Young, 1943）。この非調波性のため，ピアノの各音の周波数は高音域ではより高く，低音域ではより低く調律されている（Railsback, 1938）。このRailsbackの測定

7.3 音律とは何か

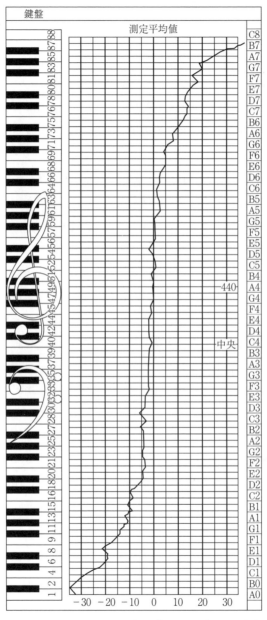

図 7.7 Railsback により 17 台のピアノで測定された各音の基本周波数（Schuck and Young, 1943）

データは Schuck and Young（1943）に掲載されており，**図 7.7** に示す．最高音の C8 では 30 セント以上高くなっており，また最低音の A0 では 30 セント以上低くなっている．この調律曲線の傾向をレイルズバック・ストレッチ（Railsback stretch）と呼ぶ（Martin and Ward, 1961）．

〔2〕 **調律曲線の違いによる心理的評価**　ピアノの構造や大きさによって調律結果は異なるが，ここでは 1 台のアップライトピアノを 3 通りに調律し，調律するごとに 1 人の演奏者が，例えば C1 音から 1 オクターブおきに C7 音までゆっくりと弾いた音系列や低音域や高音域で主和音を 3 オクターブにわたって弾いた和音系列など（楽曲の演奏ではない）を録音した．調律は

① 正確な平均律（ストロボスコープによる視覚的調律）；
② レイルズバック・ストレッチ（同上）；
③ 熟練した 1 人の調律師が聴覚的に調律．

の 3 通りである．聴取実験の聴取者は音楽大学学生 8 人とピアノ技術者 8 人で，3 通りの音律で弾かれた音系列それぞれを一対比較で聴き比べ，どちらがより快適な音律かを判断した．実験結果においては，学生と技術者グループの間には有意差はなく，レイルズバック・ストレッチによる調律（②）および熟練した 1 人の調律師による調律（③）は，正確な平均律よりも明らかに快適な調律であるという結果が得られた．なお，②と③の間には有意差はなかった．

7.3.7　音階演奏における音程の測定

〔1〕 **ヴァイオリン演奏によるハ長調長音階**　Loosen（1993）は，8 人のプロのヴァイオリニストに C4 〜 C7 までの 3 オクターブのハ長調長音階（上昇して直ちに下降）を演奏してもらい，それらの音階がピタゴラス音律，純正律および平均律のどの音律に近いかを，演奏音各音の基本周波数を測定することによって調べた．演奏には解放弦は使用しなかった．この測定結果によれば，演奏された音律は純正律にははるかに遠く，ピタゴラス音律と平均律に近かった．両音律との差の間には有意差はなかった．また，オクターブ間隔は理論的には 1 200 セントであるが，C 音だけのオクターブ間隔は，演奏者によっ

て理論値の -6.7 ～ $+10.5$ %の間になったが，平均では -0.3 %となり，ほとんど理論値通りになった．しかしC音以外のオクターブ間隔を調べたところ，8人の演奏者すべてがわずかに1200セントを超え，平均では+5.0セントのオクターブ伸長が観察された．C音でちょうど理論値通りになったのは，C音がハ長調の主音であることを意識したからであろうと考えられる．

〔2〕 **ヴァイオリン演奏による異なる調の長音階演奏**　海田（1997）は，ハ長調（C4 ～ C6）だけでなく，ト長調（G3 ～ G6），変ニ長調（B^b4 ～ B^b6），嬰ハ長調（$C^\#4$ ～ $C^\#6$）について上昇・下降の音階を，音楽大学のヴァイオリン専攻修士課程学生4人に演奏してもらった．これらの結果は，演奏された音律はピタゴラス音律と平均律から近く，純正律からは大きく隔たっていた．1オクターブ離れている2音の音程は主音どうしの場合には ± 16 セントの間に入っており，最頻値の1200セントからの偏差は+4セントであった．主音以外の1オクターブはもっと広い範囲にわたり，1200セントからの偏差の最頻値は+8セントであった．すなわち，ここでもオクターブ伸長現象が見られ，また主音どうしのほうが小さくなっている．これらの結果はLoosen（1993）の結果とほぼ同じである．

〔3〕 **高音域におけるピッコロのハ長調長音階演奏**　特に高い音域での音階演奏の周波数を測定したものとして，ピッコロを対象としたものがある（Ohgushi and Ano, 2005）．9人のフルーティスト（プロ6人，学生3人）が自分のピッコロで，最初にピアノでA4音を聴き，ピアノの鍵盤では最高音域になるC6からC8までのハ長調音階上の音をビブラートをかけないで約2秒ずつ演奏した．それらの音から基本周波数を求めたところ，9人の演奏にはかなりの差があり，最大70セントのばらつきがあった．そこで各音高ごとに測定値の最高値と最低値を除いた7人のデータの平均値を示したのが，図7.8である．全体的にA4音（=442 Hz）よりも高くなっているが，概して周波数が高くなるに従って平均律による周波数から高めになっている．おおよその形は図7.7に示したピアノの調律曲線（レイルズバック・ストレッチ）に類似した傾向を示している．

7. 西洋音楽におけるピッチ問題

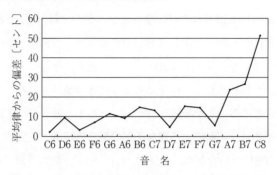

図 7.8 ピッコロのハ長調長音階演奏の基本周波数測定結果（Ohgushi and Ano, 2005）

7.3.8 音律の心理的評価

〔1〕 **音律推定のための E 音，A 音，B 音のマッチング実験**　　音階演奏はピタゴラス音律に従うのがよいという経験的事実はあるが，現実には平均律の普及によって，ピタゴラス音律と平均律との中間的な音律に従う場合が多い。ハ長調長音階において両音律の違いは，ピタゴラス音律においては平均律に比べて E 音，A 音，B 音がそれぞれ 8 セント，6 セント，10 セントだけ高くなっていることである。また純正律は，ピタゴラス音律とこの 3 音を除けば等しい。そこで，コンピュータで合成した 8 周波複合音による 3 音以外の基本周波数を固定し，音階が長音階になるように E 音，A 音，B 音の基本周波数を聴取者に調整してもらう実験を行った（Loosen, 1994）。聴取者は，プロのヴァイオリニスト 7 人，プロのピアニスト 7 人，楽器演奏の経験のない大学生（非音楽家）10 人であった。その結果によれば

　① ヴァイオリニストはピタゴラス音律に最も近く，純正律には最も遠く調整した；
　② ピアニストは平均律に最も近く，純正律には最も遠く調整した；
　③ 非音楽家はばらつきが多く，特定の音律に対する好みは見られなかった。

この結果は，聴取者たちの音楽経験を反映している。

〔2〕 **さまざまな音律によるハ長調長音階の受容度**　　コンピュータで合成

した調波複合音（基音から第8倍音まで，第7倍音は削除）を用いて，7種の音律によるC4音からC5音までの上昇方向のハ長調長音階を作成した。音律は，ピタゴラス音律，純正律，中全音律，ヴェルクマイスター音律，キルンベルガー音律，ヤング音律，平均律であった。聴取者は音楽専攻の大学生49人で，音律の主観的受容度（subjective acceptability）を5段階で判断した。その結果はピタゴラス音律の評価が最も高くなり，ついで平均律が高く，また純正律は評価が最も低くなった。その他の音律の評価は，平均律と純正律の中間であった。また，別の12人の音楽学生による主観的受容度の一対比較実験も行ったが，評価の傾向はほとんど同じであった（Ohgushi, 1994）。

〔3〕 **鍵盤楽器演奏による主観的評価** 実際にさまざまな音律で調律されたピアノを用いた演奏による聴取者の主観評価実験が行われている（下迫・大串，1996）。音律は平均律，ピタゴラス音律（ハ長調），純正律（ハ長調），ヴェルクマイスター音律，キルンベルガー音律である。平均律を除いては，調によって各音律を構成する音階の隣接音間音程（セント値）が異なるので，演奏曲としてはハ長調，ホ長調，嬰ハ長調，および無調の曲を用いた。聴取者は音楽専攻の大学生とし，一対比較あるいは評定尺度法で実験が行われた。ほとんどすべての場合に平均律の評価が最も高く，平均律がほかの音律よりも有意に低く評価されることはなかった。特に興味ある結果としては，ピタゴラス音律によるモーツァルトのソナタK.545第1楽章の冒頭部分12小節は速い部分なので3度の和音の濁りがあまり問題にならなかったせいであると考えられるが，平均律につぐ高い評価を受けた。純正律はすべての場合について最も低い評価であった。

オルガン演奏においては，テンポのゆっくりとした讃美歌「きよしこの夜」をハ長調で演奏したときは，純正律においては和音が美しく，旋律の不自然さはあるものの，ピタゴラス音律よりも高い評価を得た。ただし，平均律，ヴェルクマイスター音律，キルンベルガー音律よりは評価は低かった（下迫，1996）。

7.3.9 平均律クラヴィーア曲集は平均律で演奏されたか？

バッハの The Well-Tempered Clavier（ドイツ語：Das wohltemperierte Klavier）は，日本では平均律クラヴィーア曲集あるいは平均律ピアノ曲集などと訳されている。"wohltemperierte" とは「よく調律された」というような意味である。この「よく調律された」という意味について，18世紀の後半から20世紀の半ばにかけてはどの調でも音程関係が等しく演奏できる「平均律で調律された」という意味に解釈されていた。しかし，1950年ごろから調によって音程関係が異なり，異なった個性を表現可能な不等分音律で調律されていたのではないかという解釈が現れてきた。もし後者が正しいとすれば，平均律クラヴィーア曲集という呼び方は適切でないことになる。

Barbour (1951) は，「よく調律された」を直ちに平均律に結びつけることには批判的であった。不等分音律は，白鍵を多く使う調（ハ長調，ト長調，ヘ長調）と黒鍵を多く使う調（嬰ハ長調，嬰ヘ長調など）とは音程関係が異なるが，これらが調によるニュアンスのなんらかの変化を生み出す可能性があると解釈している。日本でも平島 (1983) や高橋 (1992) は，平均律で演奏されたという解釈は間違いだと主張している。しかし，Rasch (1985) はドイツの17～18世紀の音楽理論を詳細に調べた結果，バッハの調律は平均律であったという伝統的な考えが正しいと結論している。また Heman (1964) も，平均律が推進されたのをバッハは喜び，平均律クラヴィーアのための24のプレリュードとフーガを作曲したと述べている。理論的に考えると，特定の調の特定の曲を演奏するのならば，例えばヴェルクマイスター音律のような特定の音律が良いということは十分にありうるが，あらゆる調のあらゆる曲を演奏するのならば，平均律を用いるのが最も妥当であろう（別宮，1995）。しかしながら，この問題については客観的な資料に乏しく，明快な決着はついていない。

7.4 絶対音感

7.4.1 絶対音感とは

絶対音感（absolute pitch）とは，ある音を単独で聴いたときに，ほかの音との比較はせずにその音の音名を指示（口頭，楽譜上またはピアノなどの鍵盤の位置で）できる能力である．われわれは母音を第1，第2および第3フォルマントの組み合わせから同定しているが，絶対音感は楽音の基本周波数（あるいは基本周期）を音名に変換する一種の言語能力といってよいであろう．

絶対音感の能力は人によってさまざまである．Bachem（1937）は，絶対音感のタイプをつぎのように分類している．

① 真性絶対音感（genuine absolute pitch）：楽音を聴くとトーンクロマを即座に認知し，音名を正確に判断できる．ただし，音域や音色によっては判断がやや困難になる場合がある；

② 擬似絶対音感（quasi-absolute pitch）：ある基準音だけを記憶しており，ほかの音は基準音からの音程を頭の中で計算し判断する．判断時間は長くなり，また間違いも多くなる；

③ 偽絶対音感（pseudo-absolute pitch）：トーンハイトでだいたいの音名を推定する．平均誤差範囲は5〜9半音であるが，訓練によって誤差を小さくできる．ある程度の判断は正しくできても，単なる推量による回答なので，真性絶対音感とはメカニズムがまったく異なる．

7.4.2 絶対音感と年齢

19世紀終わりごろから20世紀半ばにかけては，絶対音感は生得的な能力であるという考えが支配的であったが，その後多くの研究で，環境や訓練により後天的に獲得される能力であることが明らかになってきた．日本の音楽教室では4歳あるいはそれ以前から絶対音感訓練を受けた子供たちの絶対音感テストの結果，8歳では平均85%程度の正答率が得られている（Miyazaki and Ogawa,

2006)。ただし個人差は大きく，60〜100％の範囲にばらついている。

　成人に対する絶対音感を獲得するための実験もいろいろ行われていて，さまざまな程度の正答率が報告されているが，100％の正答率を得られるようになったという報告はないようである。Brady (1970) は，32歳のときに自分で絶対音感の訓練（単音の聴取訓練）を約2か月間行い，65％（半音の間違いを含めると97％）の正答率を得るまでになった。しかし，半音の間違いが32％あったことは，真性絶対音感であったかどうかは疑わしい。

　絶対音感教育のためには，相対音感がまだ身についていない3〜4歳くらいから始めることが必要であるとされている（大浦・江口，1982）。一般に成人になると，真正絶対音感を身につけることは非常に困難だと考えられる。

7.4.3　絶対音感に関する実験的研究

　絶対音感に関しては，複数人を対象にした聴取実験が行われている。これらの実験の多くは，聴取者にテスト音（ピアノ音，純音，複合音など）をランダムに聴かせて，音名を同定させる。それらの結果を羅列する。

① 音名を間違って判断したとき，絶対音感保有者はほとんどオクターブ違いの誤りで，非保有者は原音の周辺に分散する（Lockhead and Byrd, 1981；Miyazaki, 1989）；

② 音色による正答率の違いがあり，概してピアノ音，調波複合音，純音の順序に正答率は低下していく（Miyazaki, 1989）。また音域による正答率の違いもあり，概して中央音域が最も正答率が高く，高い音域と低い音域では正答率が低下する（Miyazaki, 1989）。さらに，ピアノの白鍵音と黒鍵音の違いについては，白鍵音のほうが正答率が高く，また反応時間も短い（Miyazaki, 1989, 1990；Miyazaki, et al., 2012）。これらの理由は，幼少期から聴き慣れた音のほうが判断しやすいことが主要な理由だと考えられる；

③ 絶対音感保有者は，基準ピッチが440 Hzの音階から大きく外れた音階上の旋律には違和感や不快感を感じるが，実験によれば絶対音感保有者は1/4音だけ外れた音階上の音程を判断するのに時間がかかり，また正答率

が低下する。一方，非保有者は440 Hzから外れた音階においても正答率は変わらない（宮崎・石井・大串，1994；Miyazaki, 2004）；

④ 絶対音感によって純音の音名が同定可能な周波数上限は，通常は4～5 kHzであるが，まれなケースとして，もっと高いほうまで音名を同定できる人もいる（Bachem, 1948；羽藤・大串，1991；Semal and Demany, 1990；Ohgushi and Hatoh, 1992）；

⑤ 絶対音感保有者は非保有者に比べて基礎的な聴覚能力は優れているであろうか。Fujisaki and Kashino（2002）は，純音に対する絶対音感テストによって音楽大学の学生を絶対音感保有者，不完全な絶対音感保有者，非保有者の群に分け，それぞれに対して純音の周波数弁別閾やノッチノイズ（白色雑音の一部の周波数帯域を除去した雑音）によるマスキング実験結果からの周波数分解能，ギャップ検出実験による時間分解能，両耳間時間差の弁別閾による空間分解能などを調べた。その結果，3群の聴取者の基礎的聴覚能力の間には有意差はなかった。また，一般大学生（絶対音感は非保有）は音楽大学の学生に比べて周波数弁別閾は劣るものの，ほかの能力においては劣っていなかった。

7.4.4 絶対音感の問題点

絶対音感をもたない多くの人は，日常生活でそのことによって困ることはまずないであろう。ただ音楽の学生については，絶対音感をもっていないと旋律的に表現が難しい曲（無調の曲など）では，譜面を見てすぐに正しいピッチで歌うのが難しいことや，無伴奏で歌っている途中でピッチが下がっても自分では気がつかないことなどがある。また歌唱の練習のときにピアノがないと，最初の音のピッチがわからないという問題もある。

音楽学部学生に対するアンケート調査によると，絶対音感能力の高い学生は日常の生活騒音，例えば電車の発車ベル，車のクラクション，救急車の音などが言葉（音名）として聴こえてわずらわしく，またそれらの音が基準ピッチが440 Hzの音階上の各音の周波数からある程度以上外れているときには気持ち

が悪く感じることがある。ただし，このような感覚には大きな個人差が存在するようである。

真性絶対音感の保有者は，楽音の基本周波数を言葉（音名）に変換できるが，それも基準ピッチをほぼ440 Hzとした音階上のいずれかの音高の周波数付近に限定されている。また楽譜上の各音を言葉に変換できるが，日本語ではハ長調の階名だけに対応している。したがって，絶対音感保有者としての具体的問題点としては，つぎのような事項があげられる。

① 移調楽器（クラリネット，ホルン，トランペットなど）を演奏するとき，一度頭の中で音高を置き換えるという作業が必要になる。例えば，$B^♭$管で演奏するときには，楽譜上はC音であるのに実際には全音だけ低い$B^♭$音（英語）が鳴るので，頭を切り替えて音高を平行移動することになる。この作業に非常に困難さを感じる人もいる；

② 古楽器を使用した演奏を半音だけ低く（A4音：440 Hz / 1.06 = 415 Hz）演奏する場合があるが，このような場合には楽譜と演奏音の音高との違いによって，①の場合のように演奏が難しくなる；

③ 基準ピッチが440 Hz近くでないと不自然で，気持ち悪く感じる；

④ 楽譜を階名（移動ド唱法）で歌うことが難しい；

⑤ 楽譜を見ながら移調して歌うのが難しい。例えば，楽譜を見て半音だけ下げて歌うのは絶対音感非保有者にとっては困難さを伴わないが，絶対音感保有者にとっては難しくなる；

⑥ 歌う場合に導音が低いと指摘されることがある。旋律を演奏するにはピタゴラス音律に従うのが美しい（7.3.2項〔4〕参照）が，絶対音感はほぼ平均律で調律されたピアノによって習得されているので，導音と主音の間が100セントとなっている。一方，ピタゴラス音律に従えば導音と主音の間は90セントである。したがって，導音は10セント分だけ高くするべきである。

あたかも二つの言語を習得するような困難さはあるが，実際に音楽に携わる絶対音感保有者は絶対音感の有利さを生かしながら，相対音感を使い分ける能

力を磨いていくべきである。

7.4.5 移動ド唱法と固定ド唱法

多くの人は相対音感（二つの音のピッチの相対関係，つまり音程を把握する能力）をもっているので，旋律が移調された場合にそれを同じ旋律として認識する。一方，潜在的にもっていたかもしれない絶対音感は，幼児期に特別の訓練を受けない限り大人になると消滅してしまう。

旋律を読むときの方法として，**移動ド唱法**（階名唱法）と**固定ド唱法**（音名唱法）がある。現在の音楽の義務教育は移動ド唱法を採用している。その理由は，主音がどの音高であろうと同じ旋律は同じ階名で歌うことができるということと，また義務教育では調性音楽がほとんどなので和声の機能感の教育のためになるということであろう。しかし，固定ド唱法（音名唱法）を主張する意見（三善，1979）もある。その主張は，移動ド唱法では同じ音に対して異なった呼び方をし，また調性音楽も多くは転調するのであるから，呼び方を変えなくてはならず，子供に過大な負担をかけることになるという理由に基づいている。また，絶対音感教育を行うことにより，たった12音だけを子供に覚えさせることは，移動ド唱法よりも子供にとっては自然なことであると主張し，義務教育においても固定ド唱法を採用するように提案している。

それに対して東川（1979）は，どの調においても和声の機能感を重視すべきであるとの立場から移動ド唱法を支持しており，三善は絶対音感教育をずいぶん気軽に考えていると批判している。

一方，別宮（1979）は，両者の論争に対して意見を述べている。まず三善の主張する「絶対音感教育を一般公教育で行う」ことについては，絶対音感教育の結果が数字ではっきり出るのでかえって音楽の正常な教育の邪魔になるとか，教育現場で良い人を得るのが難しいなどの理由をあげて明確に反対している。また，理論的には音楽の根本は音高の相対的関係にあり，特に歴史的には初期には階名しかなかった。基準ピッチが国際的に決まった（$A4 = 440\,\mathrm{Hz}$）のは実に1939年のことである（7.2.1項参照）。さらに，初等教育に必ず使わ

れるわらべ歌は調が決まっているわけではないので、階名唱法によらざるを得ない。さらに現在、一般大衆が享受している音楽は全音階に基づき、転調を含まないものが多いので、その範囲では階名唱法は通用する。そのような理由で階名唱法のほうが音名唱法よりも音楽の基本につながることは否定できないことである。したがって、一般公教育では移動ド唱法（階名唱法）のほうが良いと述べている。

別宮（1979）は結論として、低学年では歌唱により全音階の機能感を階名唱法より育て、もう少し上の段階で鍵盤楽器で音名を教え、五線記譜法とあらゆる調の全音階の階名唱法を教え、学年とともに習熟させていくのがよいと述べている。さらに義務教育とは別に、専門家を目指す子供には音名唱法の習得も併用すべきであるという意見を述べている。

音楽の専門家については、山本（1979）は、相対音感は「なくてはならぬ」が絶対音感は「あればなお良し、なくても良し」、「両方あれば鬼に金棒」と述べている。平均律で成り立っている現代音楽のジャンルでは絶対音感は有利な武器であるが、機能和声を基本とした音楽の中では純正調とピタゴラス音律の区別が必要なのである（Heman, 1964）。

7.4.6 高齢化に伴う音高の変化

Vernon（1977）は、自分の経験について述べている。彼は6歳からピアノのレッスンを受けていて17歳のときに自分が絶対音感をもっていることに気づいた。ところが、52歳になって楽曲を聞くと半音上がった調に聴こえるようになった。例えば、ワーグナーの「ニュルンベルクのマイスタージンガー前奏曲」を聴くとハ長調のはずなのに嬰ハ長調に聴こえた。また71歳になったときにはまた半音だけ上がり、全音だけ高く聴こえるようになった。

Ward and Burns（1982）は、絶対音感保有者が50歳を過ぎたころから半音あるいは全音だけ高く聴こえるようになったり、40歳で半音、58歳で全音だけ高く聴こえるようになったという例を紹介している。

このようなことが生じても、絶対音感をもたない人はおそらくそのことに気

づかず，大きな問題は生じないであろう。しかし，絶対音感保有者が演奏をする場合には非常に困った事態になる。演奏者は，自分の音を聴きながらつぎつぎと新しい音をつくっていくのであるが，半音なり全音なり高くなったピッチが耳に入ってくると，おそらくまともな演奏は不可能になることであろう。

　高齢になると，若いときよりもピッチが高く知覚される傾向が見られるようであるが，この原因についてまだよくわかっていない。

第8章 補遺と今後の課題

8.1 ピッチの定義の変遷

　本書では，ピッチの意味を最新の JIS（2000）に記載されている定義に従い，「聴覚にかかわる音の属性の一つで，低から高に至る尺度上に配列される。」とした（3.1節参照）。この定義では，ピッチは1次元上の量として扱われており，音楽的ピッチ（3.2節参照）の循環性については触れていない。JIS（2000）の定義はアメリカ音響用語規格 ASA（American Standard Acoustical Terminology）あるいはアメリカ国家規格 ANSI（American National Standard）に大きく影響されており，ANSI S1.1-1994（ASA 111-1994）のピッチの定義を翻訳したものになっている。

　ASA あるいは ANSI のピッチの定義は，これまで音楽的ピッチに言及するのかどうかという点で変化があったので，その変遷について述べる。

① ASA（1951）では，

"Pitch is that attribute of auditory sensation in terms of which sounds may be ordered on a scale extending from low to high, such as a musical scale."

となっており，musical scale という用語が入っているが，単に low から high までという1次元的な尺度を表現するために入れただけで，必ずしも音楽的ピッチの循環性を表現したとは思えない。ピッチの単位として，Mel があげられている。

② ASA（1960）では，

1951 年の such as a musical scale が削除されている。

③　ANSI / ASA（1994）では，

1960 年と同じである。

④　ANSI / ASA（2013）では，1994 年とは大きく変わり，

"That attribute of auditory sensation by which sounds are ordered on the scale used for melody in music."

と，音楽における旋律に使用される尺度というまったく新しい表現に変わった。また，付記（note）の中に，ピッチの次元として，周波数とともに単調に低から高に向かう 1 次元尺度上の音の位置（ピッチハイト）と循環的でオクターブ内の音の位置（ピッチクラス）をそれぞれ示すような実験結果が得られていることが記述されている。

ピッチの定義をこのようにすると，これまで単にピッチを 1 次元的に定義していたことから比べると進歩したと考えられるが，逆に，10 kHz 以上の純音のように旋律を構成できないような音についてはピッチを定義できないのではないかという疑問も残されている。ピッチは二つの異なる心理的属性であるので，一つの文章で定義するのはかなり困難であるように思われる。

8.2　ピッチ知覚研究の今後の課題

ピッチ知覚の心理物理的研究としては個々的にさまざまな問題が残されているが，本質的に最も重要な問題はピッチ知覚のメカニズムの解明であろう。

以下簡単に，現在明らかになっていない問題および今後解明されるべきであると考えられる諸問題について触れてみる。

8.2.1　時間情報の多様性

ピッチを知覚するための時間情報は，音刺激のレベルでは音圧波形であるが，のちには基底膜でフィルタリングされた基底膜各場所の振動波形が考えられるようになってきた。特に音刺激が複合音で倍音の位相が揃っていない場合

には，基底膜の場所によって異なる複数の場所情報を生み出す可能性がある（例えば，5.5.5項〔3〕，5.6.2項参照）。これらの可能性は例示的に示されてきたが，さまざまな複合音に対して一般的な法則としてどのように表現すればよいのかという問題は残されている。あるいは複合音の周波数成分がすべて高くなると基底膜振動波形の微細構造だけではなく，その包絡線も時間情報となりうる。これらの法則化のためには，もう少し心理物理実験の系統的な積み重ねが必要であろう。

8.2.2　周波数の高い純音および複合音の音楽的ピッチ

一般的には，音楽的ピッチを感じる純音および複合音の（基本）周波数は5 kHz 以下であるが，特別の聴取者あるいは特別の場合にはそれ以上の周波数でも音楽的ピッチを感じることがある（3.3.2項〔3〕参照）。これらの生理学的対応として，聴神経の中に位相固定の上限周波数が5 kHz よりも高いものがある一定数以上存在するのか，あるいは5 kHz 以上になってもわずかに残存する位相固定（2.5.3項参照）の手がかりを使って検知しているのかについては未解決である。

8.2.3　上位ニューロンの神経インパルスの同期性の低下

音刺激に対する神経インパルスの同期性（位相固定の上限周波数）は，聴神経から中枢に向かうにつれて低下していく。聴神経では位相固定の上限周波数はほぼ5 kHz であったのに対し，上オリーブ複合体では2〜3 kHz，内側膝状体では1 kHz 程度と低下してくる（2.7節参照）。そうすると位相固定の情報はどのようにして大脳に伝えられるのであろうか？　徐々に場所情報に変換されるのであろうか？　しかしながら，場所情報はトーンハイトを，時間情報はトーンクロマを生成すると考えれば，時間情報が場所情報に置き換えられるという可能性は考え難い。

8.2.4 最終的なピッチ判断

　ピッチを知覚するということは，聴覚皮質においてピッチ選択ニューロンに最終的に情報が収束するからであろうか？　それともピッチ情報はさまざまなニューロンに分散しており，それを判断する司令塔の役割をするニューロンが聴覚皮質あるいはそれ以外のどこかに存在するからであろうか？　聴覚における大脳の神経科学的研究は 21 世紀に入って急速に発展してきたが，今後の研究の発展を期待したい。

引用・参考文献

Aibara, R., Welsh, J. T., Puria, S., and Goode, R. L. (2001). Human middle-ear sound transfer function and cochlear input impedance, Hear. Res., **152**, 100-109

Aitkin, L. M., Dickhaus, H., Schult, W., and Zimmermann, M. (1978). External nucleus of inferior colliculus: Auditory and spinal somatosensory afferents and their interactions, J. Neurophysiol., **41**, 4, 837-847

Alcantara, J. I., Moore, B. C. J., Glasberg, B. R., Wilkinson, A. J. K., and Jorasz, U. (2003). Phase effects in masking: within-versus across-channel processes, J. Acoust. Soc. Am., **114**, 4(Part 1), 2158-2166

Allen, D. (1967). Octave discriminability of musical and non-musical subjects, Psychonomic Sci., **7**, 12, 421-422

American Standard Acoustical Terminology (1951). ASA S1.1-1951, New York: Acoustical Society of America

American Standard Acoustical Terminology (1960). ASA S1.1-1960, New York: Acoustical Society of America

American National Standard Acoustical Terminology (1994). ANSI/ASA S1.1-1994, New York: Acoustical Society of America

American National Standard Acoustical Terminology (2013). ANSI/ASA S1.1-2013, New York: Acoustical Society of America

Arthur, R. M., Pfeiffer, R. R., and Suga, N. (1971). Properties of "two-tone inhibition" in primary auditory neurons, J. Physiol., **212**, 593-609

Ashihara, K., Kurakata, K., Mizunami. T., and Matsushita, K. (2006). Hearing threshold for pure tones above 20 kHz, Acoust. Sci. & Tech., **27**, 1, 12-19

Ashihara, K. (2007). Hearing thresholds for pure tones above 16 kHz, J. Acoust. Soc. Am., **122**, 3, EL52-EL57

Ashmore, J. F. (1987). A fast motile response in guinea-pig outer hair cells: The cellular basis of the cochlear amplifier, J. Physiol., **388**, 323-347

Attneave, F. and Olson, R. K. (1971). Pitch as a medium: A new approach to psychological scaling, Am. J. Psychol., **84**, 147-166

Bachem, A. (1937). Various types of absolute pitch, J. Acoust. Soc. Am., **9**, 146-151

Bachem, A. (1948). Chroma fixation at the ends of the musical frequency scale, J. Acoust. Soc. Am., **20**, 5, 704-705

Barbour, J. M. (1951). Tuning and Temperament A historical survey, East Lansing: Michigan State College Press

Barker, D., Plack, C. J., and Hall, D. A. (2012). Reexamining the evidence for a pitch-sensitive region: A human fMRI study using iterated ripple noise, Cerebral Cortex, **22**, 745-753

Baumann, S., Joly, O., Rees, A., Petkov, C. I., Sun, L., Thiele, A., and Griffiths, T. D. (2015). The topography of frequency and time representation in primate auditory cortices, eLife, 4: e03256, 1-15

Beck, J. and Shaw, W. A. (1961). The scaling of pitch by the method of magnitude-estimation. Am. J. Psychol., **74**, 242-251

Beerends, J. G. (1989). The influence of duration on the perception of pitch in single and simultaneous complex tone, J. Acoust. Soc. Am., **86**, 5, 1835-1844

Beerends, J. G. and Houtsma, A. J. M. (1989). Pitch identification of simultaneous diotic and dichotic two-tone complexes, J. Acoust. Soc. Am., **85**, 2, 813-819

Békésy, G. von (1947). The variation of phase along the basilar membrane with sinusoidal vibrations, J. Acoust. Soc. Am., **19**, 3, 452-460

Békésy, G. von (1960). Experiments in Hearing, New York: McGraw-Hill

別宮貞雄 (1979). 併用したい音名唱法と階名唱法―三善, 東川氏の論争に対して, 音楽芸術, **37**, 9, 60-63

別宮貞雄 (1995). 音楽に魅せられて, 音楽之友社

Bendor, D. and Wang, X. (2005). The neuronal representation of pitch in primate auditory cortex, Nature, 436, 1161-1165

Bendor, D. and Wang, X. (2006). Cortical representations of pitch in monkeys and humans, Current Opinion in Neurobiology, **16**, 391-399

Bendor, D. (2012). Does a pitch center exist in auditory cortex?, J. Neurophysiol., **107**, 743-746

Bernstein, J. G. W. and Oxenham, A. J. (2003). Pitch discrimination of diotic and dichotic tone complexes: Harmonic resolvability or harmonic number?, J. Acoust. Soc. Am., **113**, 6, 3323-3334

Bilsen, F. A. (1966). Repetition pitch: Monaural interaction of a sound with the repetition of the same, but phase shifted, sound, Acustica, **17**, 295-300

Bilsen, F. A. and Ritsma, R. J. (1969/70). Repetition pitch and its implication for hearing theory, Acustica, 22, 63-73

Bismarck, G. von (1974a). Timbre of steady sound: A factorial investigation of its verbal attributes, Acustica, 30, 146-159

Bismarck, G. von (1974b). Sharpness as an attribute of the timbre of steady sounds, Acustica, 30, 159-172

Brady, P. T. (1970). Fixed-scale mechanism of absolute pitch, J. Acoust. Soc. Am., 48, 4 (Part 2), 883-887

Brand, A., Behrend, O., Marquardt, T., McAlpine, D., and Grothe, B. (2002). Precise inhibition is essential for microsecond interaural time difference coding, Nature, 417, 543-547

Burns, E. M. and Viemeister, N. F. (1976). Nonspectral pitch, J. Acoust. Soc. Am., 60, 4, 863-869

Burns, E. M. (1981). Circularity in relative pitch judgments for inharmonic complex tones: The Shepard demonstration revisited, again, Perception & Psychophysics, 30, 5, 467-472

Burns, E. M. and Viemeister, N. F. (1981). Played-again SAM: Further observations on the pitch of amplitude-modulated noise, J. Acoust. Soc. Am., 70, 6, 1655-1660

Burns, E. M. and Feth, L. L. (1983). Pitch of sinusoids and complex tones above 10 kHz, in R. Klinke and R. Hartmann (eds.), Hearing - Physiological Bases and Psychophysics, Springer-Verlag, 327-333

Cohen, A. (1961). Further investigation of the effects of intensity upon the pitch of pure tones, J. Acoust. Soc. Am., 33, 10, 1363-1376

Cramer, E. M. and Huggins, W. H. (1958). Creation of pitch through binaural interaction, J. Acoust. Soc. Am., 30, 5, 413-417

Dai, H. (2000). On the relative influence of individual harmonics on pitch judgment, J. Acoust. Soc. Am., 107, 2, 953-959

Davis, H., Silverman, S. R., and McAuliffe, D. R. (1951). Some observations on pitch and frequency, J. Acoust. Soc. Am., 23, 1, 40-42

de Boer, E. (1956a). Pitch of inharmonic signals, Nature, 4532(Sept. 8), 535-536

de Boer, E. (1956b). On the "Residue" in Hearing, Amsterdam: Academic Thesis

de Boer, E. (1976). On the "residue" and auditory pitch perception, in W. D. Keidel and W. D. Neff (eds.), Handbook of Sensory Physiology Vol.5, Auditory system, Part 3: Clinical and special topics, Berlin: Springer-Verlag, 479-583

Delgutte, B. (1990). Physiological mechanisms of psychophysical masking: Observations from auditory-nerve fibers, J. Acoust. Soc. Am., **87**, 2, 791-809

Demany, L. and Armand, F. (1984). The perceptual reality of tone chroma in early infancy, J. Acoust. Soc. Am., **76**, 1, 57-66

Deutsch, D., Dooley, K., and Henthorn, T. (2008). Pitch circularity from tones comprising full harmonic series, J. Acoust. Soc. Am., **124**, 1, 589-597

Dobbins, P. A. and Cuddy, L. L. (1982). Octave discrimination: An experimental confirmation of the "stretched" subjective octave, J. Acoust. Soc. Am., **72**, 2, 411-415

Doughty, J. M. and Garner, W. R. (1947). Pitch characteristics of short tones, I. Two kinds of pitch threshold, J. Exp. Psychol., **37**, 351-365

江端正直・曽根敏夫・二村忠元 (1972). ジッターを含むパルス列のピッチと周期性ピッチの知覚限界, 音響学誌, **28**, 12, 663-671

Ebata, M., Tsumura, N., and Okuda, J. (1984). Pitch shift of tone burst in the presence of preceding or trailing tone, J. Acoust. Soc. Jpn(E), **5**, 3, 149-155

Egan, J. P. and Meyer, D. R. (1950). Changes in pitch of tones of low frequency as a function of the pattern of excitation produced by a band of noise, J. Acoust. Soc. Am., **22**, 6, 827-833

Ehret, G. and Merzenich, M. M. (1988). Complex sound analysis (frequency resolution, filtering and spectral integration) by single units of the inferior colliculus of the cat, Brain Res. Rev., **13**, 139-163

Evans, E. F. (1989). Representation of complex sounds in the peripheral auditory system with particular reference to pitch perception, in S. Nielzen and O. Olsson (eds.), Structure and Perception of Electroacoustic Sound and Music, Amsterdam: Excerpta Medica, 117-130

Fishman, Y. I., Reser, D. H., Arezzo, J. C., and Steinschneider, M. (1998). Pitch vs. spectral encoding of harmonic complex tones in primary auditory cortex of the awake monkey, Brain Res., **786**, 18-30

Flanagan, J. L. (1960). Models for approximating basilar membrane displacement, Bell Syst. Tech. J., **39**, 1163-1191

Flanagan, J. L. and Guttman, N. (1960). On the pitch of periodic pulses, J. Acoust. Soc. Am., **32**, 10, 1308-1319

Fletcher, H. (1924). The physical criterion for determining the pitch of a musical tone, Phys. Rev., **23**, 427-436

Frisina, R. D., Smith, R. L., and Chamberlain, S. C. (1990). Encoding of amplitude modulation in the gerbil cochlear nucleus, I. A hierarchy of enhancement, Hear. Res., **44**, 99-122

藤崎和香・柏野牧夫 (2001). 絶対音感保持者の音高知覚特性, 音響学誌, **57**, 12, 759-767

Fujisaki, W. and Kashino, M. (2002). The basic hearing abilitues of absolute pitch possessors, Acoust. Sci. & Tech., **23**, 2, 77-83

Fujisaki, W. and Kashino, M. (2005). Contributions of temporal and place cues in pitch perception in absolute pitch possessors, Perception & Psychophysics, **67**, 2, 315-323

Glasberg, B. R. and Moore, B. C. J. (1990). Derivation of auditory filter shapes from notched-noise data, Hear. Res., **47**, 103-138

Gockel, H., Carlyon, R. P., and Plack, C. J. (2004). Across-frequency interference effects in fundamental frequency discrimination: Questioning evidence for two pitch mechanisms, J. Acoust. Soc. Am., **116**, 2, 1092-1104

Goldberg, J. M. and Brownell, W. E. (1973). Discharge characteristics of neurons in anteroventral and dorsal cochlear nuclei of cat, Brain Res., **64**, 35-54

Goldstein, J. L. (1967). Auditory nonlinearity, J. Acoust. Soc. Am., **41**, 3, 676-689

Goldstein, J. L. and Kiang, N. Y. S. (1968). Neural correlates of the aural combination tone $2f_1-f_2$, Proc. IEEE, **56**, 6, 981-992

Goldstein, J. L. (1970). Aural combination tones, in R. Plomp and G. F. Smoorenburg (eds.), Frequency Analysis and Periodicity Detection in Hearing, Leiden: A. W. Sijthoff, 230-247

Goldstein, J. L. (1973). An optimum processor theory for the central formation of the pitch of complex tones, J. Acoust. Soc. Am., **54**, 6, 1496-1516

Griffiths, T. M. and Hall, D, A. (2012). Mapping pitch representation in neural ensembles with fMRI, J. Neurosci., **32**, 13343-13347

Guirao, M. and Stevens, S. S. (1964). Measurement of auditory density, J. Acoust. Soc. Am., **36**, 6, 1176-1182

Gummer, M., Yates, G. K., and Johnstone, B. M. (1988). Modulation transfer function of efferent neurones in the guinea pig cochlea, Hear. Res., **36**, 41-52

Guttman, N. and Pruzansky, S. (1962). Lower limits of pitch and musical pitch, J. Speech & Hear. Res., **5**, 3, 207-214

Hackett, T. A., Stepniewska, I., and Kaas, J. H. (1998). Subdivisions of auditory cortex and ipsilateral cortical connections of the parabelt auditory cortex in macaque monkeys, J. Comparative Neurology, **394**, 475-495

Hall III, J. W. and Peters, R. W. (1981). Pitch for nonsimultaneous successive harmonics in quiet and noise, J. Acoust. Soc. Am., **69**, 2, 509-513

Hall III, J. W., Buss, E., and Grose, J. H. (2003). Modulation rate discrimination for unresolved components: Temporal cues related to fine structure and envelops, J. Acoust. Soc. Am., **113**, 2, 986-993

Hartmann, W. M. (1993). Auditory demonstrations on compact disk for large N, J. Acoust. Soc. Am., **93**, 1, 1-16

Hartmann, W. M. and Doty, S. L. (1996). On the pitch of the components of a complex tone, J. Acoust. Soc. Am., **99**, 1, 567-578

羽藤　律・大串健吾（1991）．高い音域における音楽的ピッチの知覚，音響学誌，**47**，2，92-95

Helmholtz, H. L. F. (1954). On the Sansation of Tone, New York: Dover Publications

Heman, C. (1964). Intonation auf Streichinstrumenten, Basel: Barenreiter-Verlag（ヘマン，C., 竹内ふみ子（訳）(1980). 弦楽器のイントネーション，シンフォニア）

Herdener, M., Esposito, F., Scheffler, K., Schneider, P., Logothetis, N. K., Uludag, K., and Kayser, C. (2013). Spatial representations of temporal and spectral sound cues in human auditory cortex, Cortex, **49**, 10, 2822-2833

平島達司（1983）．ゼロ・ビートの再発見，東京音楽社

Houtgast, T. (1976). Subharmonic pitches of a pure tone at low S/N ratio, J. Acoust. Soc. Am., **60**, 2, 405-409

Houtsma, A. J. M. and Goldstein, J. L. (1972). The central origin of the pitch of complex tones: Evidence from musical interval recognition, J. Acoust. Soc. Am., **51**, 2(Part 2), 520-529

Houtsma, A. J. M., Rossing, T. D., and Wagenaars, W. M. (1987). Auditory Demonstrations, Compact Disc, Supported by the Acoustical Society of America, Eindhoven Netherlands: IPO

Houtsma, A. J. M. and Smurzynski, J. (1990). Pitch identification and discrimination for complex tones with many harmonics, J. Acoust. Soc. Am., **87**, 1, 304-310

Houtsma, A. J. M. and Fleuren, J. F. M. (1991). Analytic and synthetic pitch of two-tone complexes, J. Acoust. Soc. Am., **90**, 3, 1674-1676

Humphries, C., Liebenthal, E., and Binder, J. R. (2010). Tonotopic organization of human cortex, NeuroImage, **50**, 1202-1211

Javel, E. (1980). Coding of AM tones in the chinchilla auditory nerve: Implications for the pitch of complex tones, J. Acoust. Soc. Am., **68**, 1, 133-146

Jeffress, L. A. (1940). The pitch of complex tones, Am. J. Psychol., **53**, 2, 240-250

Johnson, D. H. (1980). The relationship between spike rate and synchrony in responses of auditory-nerve fibers to single tones, J. Acoust. Soc. Am., **68**, 4, 1115-1122

Johnstone, B. M., Taylor, K. J., and Boyle, A. J. (1970). Mechanics of the guinea pig cochlea, J. Acoust. Soc. Am., **47**, 2(Part 2), 504-509

Joris, P. X. and Yin, T. C. T. (1992). Responses to amplitude-modulated tones in the auditory nerve of the cat, J. Acoust. Soc. Am., **91**, 1, 215-232

Joris, P. X., Schreiner, C. E., and Rees, A. (2004). Neural processing of amplitude-modulated sounds, Physiol. Rev., **84**, 541-577

Kaas, J. H. and Hackett, T. A. (2000). Subdivisions of auditory cortex and processing streams in primates, Proc. Natl Academy Sci. USA, 97, 22, 11793-11799

海田仁美 (1997). ヴァイオリニストの音階演奏におけるイントネーションについて, 京都市立芸術大学音楽学部紀要 ハルモニア, 27, 69-82

Kallman, H. (1982). Octave equivalence as measured by similarity ratings, Perception & Psychophysics, **32**, 1, 37-49

加藤真理子・森下修次 (1989). 音高および音色の変化による垂直方向の音源定位について―京都市立芸術大学講堂ホールにおける実験―, 京都市立芸術大学紀要 ハルモニア, 19, 94-102

Katsuki, Y., Suga, N., and Kanno, Y. (1962). Neural mechanism of the peripheral and central auditory system in monkeys, J. Acoust. Soc. Am., **34**, 8(Part 2), 1396-1410

Kemp, D. T. (1978). Stimulated acoustic emissions from within the human auditory system, J. Acoust. Soc. Am., **64**, 5, 1386-1391

Kiang, N. Y. S., Watanabe, T., Thomas, E. C., and Clark, L. F. (1965). Discharge patterns of single fibers in the cat's auditory nerve, Research Monograph No.35, Cambridge: MIT Press

北村音壹 (1975). 音色と音質の評価, 放送技術, **28**, 10, 731-737

Klein, M. A. and Hartmann, W. M. (1981). Binaural edge pitch, J. Acoust. Soc. Am., **70**, 1, 51-61

Knudsen, E. I. and Konishi. M. (1978). A neural map of auditory space in the owl, Science, **200**, 19, 795-797

Langner, G. and Schreiner, C. E. (1988). Periodicity coding in the inferior colliculus of the cat. I. Neuronal mechanisms, J. Neurophysiol., **60**, 6, 1799-1822

Langner, G., Dinse, H. R., and Godde, B. (2009). A map of periodicity orthogonal to frequency representation in the cat auditory cortex, Frontiers in Integrative

Neuroscience, **3**, Article 27, 1-11

Licklider, J. C. R.（1951）. A duplex theory of pitch perception, Experientia, **7**, 4, 128-134

Licklider, J. C. R.（1954）. "Periodicity" pitch and "place" pitch, J. Acoust. Soc. Am., **26**, 945

Lichte, W. H.（1941）. Attributes of complex tones, J. Exp. Psychol., **28**, 6, 455-480

Lindsay, P. H. and Norman, D. A.（1977）. Human Information Processing: An introduction to psychology, 2nd ed., New York: Academic Press（リンゼイ，P. H.・ノーマン，D. A.，中溝幸夫・箱田裕司・近藤倫明（訳）（1983）. 情報処理心理学入門 Ⅰ感覚と知覚，サイエンス社）

Liu, L-F., Palmer, A. R., and Wallace, M. N.（2006）. Phase-locked responses to pure tones in the inferior colliculus, J. Neurophysiol., **95**, 1926-1935

Lockhead, G, R. and Byrd, R.（1981）. Practically perfect pitch, J. Acoust. Soc. Am., **70**, 2, 387-389

Loosen, F.（1993）. Intonation of solo violin performance with reference to equally tempered, Pythagorian, and just intonations, J. Acoust. Soc. Am., **93**, 1, 525-539

Loosen, F.（1994）. Tuning of diatonic scales by violinists, pianists, and nonmusicians, Perception & Psychophysics, **56**, 2, 221-226

Loosen, F.（1995）. The effect of musical experience on the conception of accurate tuning, Music Perception, **12**, 3, 291-306

Lumani, A. and Zhang, H.（2010）. Responses of neurons in the rat's dorsal cortex of the inferior colliculus to monaural tone bursts, Brain Res., **1351**, 115-129

Martin, D. W. and Ward, W. D.（1961）. Subjective evaluation of musical scale temperament in pianos, J. Acoust. Soc. Am., **33**, 5, 582-585

Mathes, R. C. and Miller, R. L.（1947）. Phase effects in monaural perception. J. Acoust. Soc. Am., **19**, 5, 780-797

McKinney, M. F. and Delgutte, B.（1999）. A possible neurophysiological basis of the octave enlargement effect, J. Acoust. Soc. Am., **106**, 5, 2679-2692

Merzenich, M. M. and Reid, M. D.（1974）. Representation of the cochlea within the inferior colliculus of the cat, Brain Res., **77**, 397-415

Miller, G. A. and Taylor, W. G.（1948）. The perception of repeated bursts of noise, J. Acoust. Soc. Am., **20**, 2, 171-182

Miyazaki, K.（1977）. Pitch-intensity dependence and its implications for pitch perception, Tohoku Psychologica Folia, 36, 75-88

Miyazaki, K.（1989）. Absolute pitch identification: Effects of timbre and pitch region,

Music Perception, 7, 1, 1-14

Miyazaki, K. (1990). The speed of musical pitch identification by absolute pitch possessors, Music Perception, 8, 2, 177-188

宮崎謙一・石井玲子・大串健吾 (1994). 絶対音感を持つ音楽専攻学生によるメロディの認知, 音響学誌, 50, 10, 780-788

Miyazaki, K. (2004). Recognition of transposed melodies by absolute-pitch possessors, Jpn Psychol. Res., 46, 270-282

Miyazaki, K. and Ogawa, Y. (2006). Learning absolute pitch by children: A cross-sectional study, Music Perception, 24, 1, 63-78

Miyazaki, K., Makomaska, S., and Rakowski, A. (2012). Prevalence of absolute pitch: A comparison between Japanese and Polish music students, J. Acoust. Soc. Am., 132, 5, 3484-3493

宮崎謙一 (2014). 絶対音感神話, 化学同人

Miyazono, H., Glasberg, B. R., and Moore, B. C. J. (2009). Dominant region for pitch at low fundamental frequencies (F_0): The effect of fundamental frequency, phase and temporal structure, Acoust. Sci. & Tech., 30, 3, 161-169

三善 晃 (1979). 子供の可能性を奪うもの―義務教育における音楽教育の諸問題, 音楽芸術, 37, 1, 34-37

Moore, B. C. J. (1973). Frequency difference limens for short-duration tones, J. Acoust. Soc. Am., 54, 3, 610-619

Moore, B. C. J. (1977). Effects of relative phase of the components on the pitch of three-component complex tones, in E. F. Evans and J. P. Wilson (eds.), Psychophysics and Physiology Hearing, London: Academic Press

Moore, B. C. J. and Rosen, S. M. (1979). Tune recognition with reduced pitch and interval information, Quarterly J. Exp. Psychol., 31, 229-240

Moore, B. C. J. and Glasberg, B. R. (1983). Suggested formulae for calculating auditory-filter bandwidths and excitation patterns, J. Acoust. Soc. Am., 74, 3, 750-753

Moore, B. C. J., Glasberg, B. R., and Peters, R. W. (1985a). Relative dominance of individual partials in determining the pitch of complex tones, J. Acoust. Soc. Am., 77, 5, 1853-1860

Moore, B. C. J., Peters, R. W., and Glasberg, B. R. (1985b). Thresholds for the detection of inharmonicity in complex tones, J. Acoust. Soc. Am., 77, 5, 1861-1867

Moore, B. C. J. (1989). An Introduction to the Psychology of Hearing, Third edition, London: Academic Press (ムーア, B. C. J., 大串健吾 (監訳) (1994). 聴覚心理

学概論，誠信書房）

Moore, B. C. J. and Ohgushi, K. (1993). Audibility of partials in inharmonic complex tones, J. Acoust. Soc. Am., **93**, 1, 452-461

Moore, B. C. J., Glasberg, B. R., Flanagan, H. J., and Adams, J. (2006). Frequency discrimination of complex tones; assessing the role of component resolvability and temporal fine structure, J. Acoust. Soc. Am., **119**, 1, 480-490

Moore, B. C. J. and Sek, A. (2009). Sensitivity of human auditory system to temporal fine structure at high frequencies, J. Acoust. Soc. Am., **125**, 5, 3186-3193

Moore, B. C. J., Hopkins, K., and Cuthbertson, S. (2009). Discrimination of complex tones with unresolved components using temporal fine structure information, J. Acoust. Soc. Am., **125**, 5, 3214-3222

Moore, B. C. J. (2012). An Introduction to the Psychology of Hearing, Sixth edition, United Kingdom: Emerald Group Publishing Limited

Moore, B. C. J. and Ernst, S. M. A. (2012). Frequency difference limens at high frequencies: Evidence for a transition from a temporal to a place code, J. Acoust. Soc. Am., **132**, 2, 1542-1547

Morgan, C. T., Garner, W. R., and Galambos, R. (1951). Pitch and intensity, J. Acoust. Soc. Am., **23**, 6, 658-663

Nakajima, Y., Tsumura, T., Matsuura, S., Minami, H., and Teranishi, R. (1988). Dynamic pitch perception for complex tones derived from major triads, Music Perception, **6**, 1, 1-20

日本工業規格　音響用語（2000）．JIS Z 8106，東京：日本規格協会

Norman-Haignere, S., Kanwisher, N., and McDermott, J. H. (2013). Cortical pitch regions in humans respond primarily to resolved harmonics and are located in specific tonotopic regions of anterior auditory cortex, J. Neurosci., **33**, 19451-19469

大串健吾（1976a）．複合音の高さの知覚形成のメカニズム，音響学誌，**32**，5，300-309

大串健吾（1976b）．複合音の高さの知覚における時間情報の役割，音響学誌，**32**，11，710-719

Ohgushi, K. (1978). On the role of spatial and temporal cues in the perception of the pitch of complex tones, J. Acoust. Soc. Am., **3**, 764-771

大串健吾・宮坂栄一・村田計一・橋本享・南定雄・谷口郁雄（1978）．無限音階複合音の知覚とその生理学的対応，信学会医用電子生体工学研資，**MBE78**-100，37-40

大串健吾・神谷佳明（1979）．心理的オクターブの伸長現象とその起源，信学誌，

62-A, 6, 365-37.

Ohgushi, K. (1983). The origin of tonality and a possible explanation of octave enlargement phenomenon, J. Acoust. Soc. Am., **73**, 5, 1694-1700

大串健吾 (1984). 複合音の高さの循環性とその応用, 信学論, **J67-A**, 5, 169-176

Ohgushi, K. and Hatoh, T. (1992). The musical pitch of high frequency tones, in Y. Cazals, L. Demany, and K. Horner (eds.), Auditory Physiology and Perception, Oxford: Pergamon Press, 197-203

Ohgushi, K. (1994). Subjective evaluation of various temperaments, Proc. 3rd Int. Conf. Music Perception and Cognition, 289-290

大串健吾 (1995). さまざまな音律における調による周波数関係の変化, 音講論, 平成7年9月, 2-7-19, 649-650

Ohguhsi, K. and Ano, Y. (2005). The relationship between musical pitch and temporal responses of the auditory nerve fibers, J. Physiol. Anthropol. & Appl. Human Sci., **24**, 99-101

大浦容子・江口寿子 (1982). 幼児の絶対音感訓練プログラムと適用例, 季刊音楽教育研究, **25**, 162-171

Oxenham, A. J., Micheyl, C., Keebler, M. V., Loper, A., and Santurette, S. (2011). Pitch perception beyond the traditional existence region of pitch, Proc. Natl Academy Sci. (PNAS), 108, 18, 7629-7634

Palmer, A. R. and Evans, E. F, (1980). Cochlear fibre rate-intensity functions: No evidence for basilar membrane nonlinearities, Hear. Res., **2**, 319-326

Palmer, A. R. and Russel, I. J. (1986). Phase-locking in the cochlear nerve of the guinea-pig and its relation to the receptor potential of inner hair-cells, Hear. Res., **24**, 1-15

Patterson, R. D. (1973). The effect of relative phase and the number of components on residue pitch, J. Acoust. Soc. Am., **53**, 6, 1565-1572

Patterson, R. D. and Wightman, F. L. (1976). Residue pitch as a function of component spacing, J. Acoust. Soc. Am., **59**, 6, 1450-1459

Patterson, R. D., Uppenkamp, S., Johnsrude, I. S., and Griffiths, T. D. (2002). The processing of temporal pitch and melody information in auditory cortex, Neuron, **36**, 767-776

Penagos, H., Melcher, J. R., and Oxenham, A. J. (2004). A neural representation of pitch salience in nonprimary human auditory cortex revealed with functional magnetic resonance imaging, J. Neurosci., **24**, 6810-6815

Peters, R. W., Moore, B. C. J., and Glasberg, B. R. (1983). Pitch of components of complex tones, J. Acoust. Soc. Am., **73**, 3, 924-929

Peterson, L. C. and Bogert, B. P. (1950). A dynamical theory of the cochlea, J. Acoust. Soc. Am., **22**, 3, 369-381

Petkov, C. I., Kayser, C., Augath, M., and Logothetis (2006). Functional imaging reveals numerous fields in the monkey auditory cortex, PLoS Biology, **4**, 7, 1231-1226

Pfeiffer, R. R. (1966). Classification of response patterns of spike discharges for units in the cochlear nucleus: Tone-burst stimulation, Exp. Brain Res., **1**, 220-235

Plomp, R. (1964). The ear as a frequency analyzer, J. Acoust. Soc. Am., **36**, 9, 1628-1636

Plomp, R. (1965). Detectability threshold for combination tones, J. Acoust. Soc. Am., **37**, 6, 1110-1123

Plomp, R. (1967). Pitch of complex tones, J. Acoust. Soc. Am., **41**, 6, 1526-1533

Plomp, R. and Mimpen, A. M. (1968). The ear as a frequency analyzer. II, J. Acoust. Soc. Am., **43**, 4, 764-767

Plomp, R. and Steeneken, H. J. M. (1969). Effect of Phase on the timbre of complex tones, J. Acoust. Soc. Am., **46**, 2, 409-421

Plomp, R. and Steeneken, H. J. M. (1971). Pitch versus timbre, Proc. 7th Int. Cong. Acoust., Budapest: AKADEMIAI KIADO, 377-380

Pratt, C. C. (1930). The spatial character of high and low tones, J. Exp. Psychol., **13**, 3, 278-285

Pressnitzer, D., Patterson, R. D., and Krumbholz, K. (2001). The lower limit of melodic pitch, J. Acoust. Soc. Am., **109**, 5(Part 1), 2074-2084

Railsback, O. L. (1938). Scale temperament as appled to piano tuning, J. Acoust. Soc. Am., **9**, 3, 274

Rakowski, A. and Hirsh, I. J. (1980). Poststimulatory pitch shifts for pure tones, J. Acoust. Soc. Am., **68**, 2, 467-474

Rasch, R. (1985). Does "Well-Tempered" mean "Equal-Tempered"?, in P. Williams (ed.), Bach, Handel, Scarlatti-Tercentenary Essays, Cambridge: Cambridge University Press, 293-310

Rauschecker, J. P., Tian, B., and Hauser, M. (1995). Processing of complex sounds in the macaque nonprimary auditory cortex, Science, **268**, 111-114

Rauschecker, J. P. (1998). Cortical processing of complex sounds, Current Opinion in Neurobiology. **8**, 516-521

Rauschecker, J. P. and Tian, B. (2000). Mechanisms and streams for processing of "what" and "where" in auditory cortex, Proc. Natl Academy Sci.(PNAS), 97, 22, 11800-11806

Recanzone, G. H., Guard, D. C., and Phan, M. L. (2000). Frequency and intensity response properties of single neurons in the auditory cortex of the behaving macaque monkey, J. Neurophysiol., **83**, 2315-2331

Rhode, W. S. (1971). Observations of the vibration of the basilar membrane in squirrel monkeys using the Mössbauer technique, J. Acoust. Soc. Am., **49**, 4(Part 2), 1218-1231

Rhode, W. S. and Greenberg, S. (1994). Encoding of amplitude modulation in the cochlear nucleus of the cat, J. Neurophysiol., **71**, 5, 1797-1825

Ritsma, R. J. (1962). Existence region of the tonal residue. I, J. Acoust. Soc. Am., **34**, 9, 1224-1229

Ritsma, R, J. and Engel, F. L. (1964). Pitch of frequency-modulated signals, J. Acoust. Soc. Am., **36**, 9, 1637-1644

Ritsma, R, J. (1967). Frequencies dominant in the perception of the pitch of complex sounds, J. Acoust. Soc. Am., **42**, 1, 191-198

Roffler, S. K. and Butler, R. A. (1968). Localization of tonal stimuli in the vertical plane, J. Acoust. Soc. Am., **43**, 6, 1260-1266

Rose, J. E., Brugge, J. F., Anderson, D. J., and Hind, J. E. (1967). Phase-locked response to low-frequency tones in single auditory nerve fibers of the squirrel monkey, J. Neurophysiol., **30**, 5, 769-793

Rose, J. E., Brugge, J. F., Anderson, D. J., and Hind, J. E. (1968). Patterns of activity in single auditory nerve fibers of the squirrel monkey, in A. V. S. de Reuck and J. Knight (eds.), Hearing Mechanisms in Vertebrates, London: Churchill, 144-168

Rose, J. E., Brugge, J. F., Anderson, D. J., and Hind, J. E. (1969). Some possible neural correlates of combination tones, J. Neurophysiol., **32**, 402-423

Rouiller, E., de Ribaupierre, Y., and de Ribaupirre, F. (1979). Phase-locked responses to low frequency tones in the medial geniculate body, Hear. Res., **1**, 213-226

Ruckmick, C. A. (1929). A new classification of tonal qualities, Psychol. Rev., **36**, 172-180

Ruggero, M. A. (1973). Response to noise of auditory nerve fibers in the squirrel monkey, J. Neurophysiol., **36**, 4, 569-587

Ruggero, M. A., Rich, N. C., Recio, A., Narayan, S. S., and Robles, L. (1997). Basilar-membrane responses to tones at the base of the chinchilla cochlea, J. Acoust. Soc. Am., **101**, 4, 2151-2163

Rutherford, W. (1886). A new theory of hearing, J. Anatomy & Physiol., **21**, 166-168

Sachs, M. B. and Kiang, N. Y. S. (1968). Two-tone inhibition in auditory-nerve fibers, J. Acoust. Soc. Am., **43**, 5, 1120-1128

Sachs, M. B. and Abbas, P. J. (1974). Rate versus level functions for auditory-nerve fibers in cats: tone-burst stimuli, J. Acoust. Soc. Am., **56**, 6, 1835-1847

Schouten, J. F. (1938). The perception of subjective tones, Proc. Koninklijke Nederlandsche Akademie van Wetenschappen, 41, 10, 1086-1093

Schouten, J. F. (1940a). The residue, a new component in subjective sound analysis, Proc. Koninklijke Nederlandsche Akademie van Wetenschappen, 43, 3, 356-365

Schouten, J. F. (1940b). The residue and the mechanism of hearing, Proc. Koninklijke Nederlandsche Akademie van Wetenschappen, 43, 8, 991-999

Schouten, J. F. (1940c). The Perception of pitch, Philips Tech. Rev., **5**, 10, 286-294

Schouten, J. F., Ritsma, R. J., and Cardozo, B. L. (1962). Pitch of the residue, J. Acoust. Soc. Am., **34**, 8(Part 2), 1418-1424

Schreiner, C. E. and Langner, G. (1988). Periodicity coding in the inferior colliculus of the cat. II. Topographical organization, J. Neurophysiol., **60**, 6, 1823-1840

Schuck, O. H. and Young, R. W. (1943). Observations on the vibrations of piano strings, J. Acoust. Soc. Am., **15**, 1, 1-11

Schwarz, D. W. F. and Tomlinson, R. W. W. (1990). Spectral response patterns of auditory cortex neurons to harmonic complex tones in alert monkey (Macaca mulatta), J. Neurophysiol., **64**, 1, 282-298

Semal, C. and Demany, L. (1990). The upper limit of "musical" pitch, Music Perception, **8**, 2, 165-176

Shackleton, T. M. and Carlyon, R. P. (1994). The role of resolved and unresolved harmonics in pitch perception and frequency modulation discrimination, J. Acoust. Soc. Am., **95**, 6, 3529-3540

Shepard, R. N. (1964). Circularity in judgments of relative pitch, J. Acoust. Soc. Am., **36**, 12, 2346-2353

Shepard, R. N. (1982a). Geometrical approximations to the structure of musical pitch, Psychol. Rev., **89**, 4, 305-333

Shepard, R. N. (1982b). Structural representations of musical pitch, in D. Deutsch (ed.), The Psychology of Music (1st ed.). Orland: Academic Press, 343-390 (ドイチュ, D., 寺西立年・大串健吾・宮崎謙一 (監訳) (1987). 音楽の心理学 (下), 西村書店)

Shower, E. G. and Biddulph, R. (1931). Differential pitch sensitivity of the ear, J. Acoust. Soc. Am., **3**, 275-287

Siegel, R. J. (1965). A replication of the mel scale of pitch, Am. J. Psychol., **78**, 4, 615-620

下迫晴加（1996）. オルガン演奏による音律の主観的評価, 音響学会音楽音響研資, **MA96**-28, 33-40

下迫晴加・大串健吾（1996）. ピアノ演奏による音律の主観的評価, 音楽学, **41**, 111-124

Slepecky, N. B. (1996). Structure of the mammalian cochlea, in P. Dallos, A. N. Popper, and R. R. Fay (eds.), The Cochlea, New York: Springer-Verlag, 44-129

Small, Jr., A. M. and Daniloff, R. G. (1967). Pitch of noise bands, J. Acoust. Soc. Am., **41**, 2, 506-512

Smoorenburg, G. F. (1970). Pitch perception of two-frequency stimuli, J. Acoust. Soc. Am., **48**, 4(Part 2), 924-942

Smoorenburg, G. F. (1972). Combination tones and their origin, J. Acoust. Soc. Am., **52**, 2 (Part 2), 615-632

Song, X., Osmanski, M. S., Guo, Y., and Wang, X. (2016). Complex pitch perception mechanisms are shared by humans and a new world monkey, Proc. Natl Academy Sci. (PNAS), 113, 3, 781-786

Stevens, S. S. (1935). The relation of pitch to intensity, J. Acoust. Soc. Am., **6**, 150-154

Stevens, S. S., Volkmann, J., and Newman, E. B. (1937). A scale for the measurement of the psychological magnitude pitch, J. Acoust. Soc. Am., **8**, 185-190

Stevens, S. S. and Volkmann, J. (1940). The relation of pitch to frequency: A revised scale, Am. J. Psychol.. **53**, 329-353

杉本利孝・越川常治・中村彰（1960）. 複合音の包絡線のタイムパターンとピッチ感覚について, 音響学誌, **16**, 1, 9-15

Sundberg, J. E. F. and Lindqvist, J. (1973). Musical octaves and pitch, J. Acoust. Soc. Am., **54**, 4, 922-929

館 暲・磯部 孝（1973）. 調和音の音色に及ぼす部分音の位相の影響, 医用電子と生体工学, **11**, 2, 108-116

Takada, M., Tanaka, K., and Iwamiya, S. (2006). Relationships between auditory impressions and onomatopoeic features for environmental sounds, Acoust. Sci. & Tech., **27**, 2, 667-679

高橋彰彦（1992）. 複合純正音律ピアノのすすめ, 音楽の友社

高澤嘉光・西川留美子（1996）. 基準ピッチ A_4 = 440 Hz をめぐって, 音響学誌, **52**, 5, 368-374

Terhardt, E. (1971a). Pitch shifts of harmonics, an explanation of the octave enlargement phenomenon, Proc. 7th ICA, Budapest, 621-624

Terhardt, E. (1971b). Die Tonhöhe Harmonischer Klänge und das Oktavintervall, Acustica, **24**, 126-136

Terhardt, E. and Fastl, H. (1971). Zum Einfluss von Störtönen und Störgerauschen auf die Tonehöhe von Sinustönen. Acustica, **25**, 53-61

Terhardt, E. (1974). Pitch, consonance, and harmony, J. Acoust. Soc. Am., **55**, 5, 1061-1069

Terhardt, E. (1975). Influence of intensity on the pitch of complex tones, Acustica, **33**, 344-348

Terhardt, E., Stoll, G., and Seewann, M. (1982). Algorithm for extraction of pitch salience from complex tone signals, J. Acoust. Soc. Am., **71**, 3, 679-688

Thurlow, W. R. and Small, Jr., A. M. (1955). Pitch perception for certain periodic auditory stimuli, J. Acoust. Soc. Am., **27**, 1, 132-137

Tian, B. and Rauschecker, J. P. (2004). Processing of frequency-modulated sounds in the lateral auditory belt cortex of the rhesus monkey, J. Neurophysiol., **92**, 2993-3013

Tomlinson, R. W. W. and Schwarz, D. W. F. (1988). Perception of the missing fundamental in nonhuman primates, J. Acoust. Soc. Am., **84**, 2, 560-565

東川清一 (1979). 固定ド反対―三善論文によせて, 音楽芸術, **37**, 3, 54-57

Tsuchitani, C. and Boudreau, J. C. (1966). Single unit analysis of cat superior olive S-segment with tonal stimuli, J. Neurophysiol., **29**, 684-697

Ueda, K. and Ohgushi, K. (1987). Perceptual components of pitch: Spatial representation using multidimensional scaling technique, J. Acoust. Soc. Am., **82**, 4, 1193-1200

Vernon, P. E. (1977). Absolute pitch: A case study, British J. Psychol., **68**, 485-489

和田陽平 (1950). 音響心理学, 創元社

Walliser, K. (1969a). Über die Spreizung von empfundenen Intervallen gegenüber mathematisch harmonischen Intervallen bei Sinustönen, Frequenz, **23**, 5, 139-143

Walliser, K. (1969b). Zusammenhänge zwischen dem Schallreiz und der Periodenhöhe. Acustica, **21**, 319-329

Wang, X. and Walker, K. M. M. (2012). Neural mechanisms for the abstraction and use of pitch information in auditory cortex, J. Neurosci., **32**, 13339-13342

Ward, W. D. (1954). Subjective musical pitch, J. Acoust. Soc. Am., **26**, 3, 369-380

Ward, W. D. and Burns, E. M. (1982). Absolute pitch, in D. Deutsch (ed.), The Psychology of Music, Orland, FL: Academic Press, 431-451 (ウォード, E. M.・バーンズ, E. M., 寺西立年・大串健吾・宮崎謙一 (監訳) (1987). 音楽の心理学 (下),

西村書店)

Wever, E. G. and Bray, C. W. (1930). The nature of acoustic response: The relation between sound frequency and frequency of impulses in the auditory nerve, J. Exp. Psychol., **13**, 373-387

White, L. J. and Plack, C. J. (1998). Temporal processing of the pitch of complex tones, J. Acoust. Soc. Am., **103**, 4, 2051-2063

Wiener, F. M. and Ross, D. A. (1946). The pressure distribution in the auditory canal in a progressive sound field, J. Acoust. Soc. Am., **18**, 2, 401-408

Wier, C. C., Jesteadt, W., and Green, D. M. (1977). Frequency discrimination as a function of frequency and sensation level, J. Acoust. Soc. Am., **61**, 1, 178-184

Wightman, F. L. (1973a). Pitch and stimulus fine structure, J. Acoust. Soc. Am., **54**, 2, 397-406

Wightman, F. L. (1973b). The pattern-transformation model of pitch, J. Acoust. Soc. Am., **54**, 2, 407-416

Woods, D. L., Herron, T. J., Cate, A. D., Yund, E. W., Stecker, G. C., Rinne, T., and Kang, X. (2010). Functional properties of human auditory cortical fields, Frontiers in Systems Neuroscience, **4**, Article 155, 1-13

山口善司・壽司範二 (1956). 受話器の實耳レスポンスについて, 音響学誌, **12**, 1, 8-13

山本直純 (1979). 早教育の利点―「絶対音感」の必要性を問う, 音楽芸術, **37**, 2, 26-29

矢田部達郎 (監修) (1962). 心理学初歩 三訂版, 培風館

Yost, W. A. (1996). Pitch of iterated rippled noise, J. Acoust. Soc. Am., **100**, 1, 511-518

Zatorre, R. J. (1988). Pitch perception of complex tones and human temporal-lobe function, J. Acoust. Soc. Am., **84**, 2, 566-572

Zwicker, E. (1955). Der ungewöhnliche Amplitudengang der nichtlinearen Verzerrungen des Ohres, Acustica, **5**, 67-74

Zwicker, E. and Terhardt, E. (1980). Analytical expressions for critical-band rate and critical bandwidth as a function of frequency, J. Acoust. Soc. Am., **68**, 5, 1523-1525

索引

あ
明るさ　73

い
位相　3
位相固定　25
位相スペクトル　4
1次聴覚野　42
移動ド唱法　181

う
ヴェルクマイスター音律　166

お
横側頭回　41
応答野　21
オクターブ伸長現象　68
オクターブ類似性　56
音　1
　　——の高さ　3, 51
　　——の法輪　53
音圧　5
音圧レベル　5
音楽的ピッチ　53
音高　51, 151
音色的ピッチ　53, 72
音程　51, 151
音波　1
音律　155

か
外耳　9
外側溝　41
外側ベルト領域　42
外有毛細胞　17
下丘　36
蝸牛　10
蝸牛神経核　33
楽音　3
感覚レベル　6

き
基音　3
基底膜　12
機能地図　42
基本周波数　3
キルンベルガー音律　167

く
繰り返しピッチ　137
クリックピッチ　82
クロマ円　53

け
結合音　103

こ
コア領域　42
高調波　3
固定ド唱法　181
5度円　157

さ
最適処理理論　145
最良周波数　22
差音　104
雑音　4
3次の結合音　104

し
耳音響放射　19
時間説　89
時間ピッチ　56
自発性放電　21
周期的複合音　3
周波数局在性　34
周波数成分　3
周波数弁別閾　79
純音　2, 3
順行性マスキング　111
瞬時音圧　2
純正律　163

順応特性　24
上オリーブ複合体　35
消去音　106
上側頭回　41
上側頭溝　41
神経興奮パターン　23
神経自己相関器　142
振幅　3
振幅スペクトル　4
心理的オクターブ　68

す
スペクトル　4
鋭さ　73

せ
正弦波　1
絶対音感　177
セント　156
旋律的ピッチ　53

そ
総合的聴取　107
総合的ピッチ　107

た
大脳皮質　39

ち
緻密さ　73
中耳　9
中全音律　165
聴神経　20
調波複合音　3

て
テンプレートマッチング　143

と
等価矩形帯域幅　107
同期係数　28
同期指標　28

同調曲線	21	
特徴周波数	22	
トノトピー地図	34	
トーンクロマ	53	
トーンハイト	52	
トーンピッチ	82	

な

内耳	10
内側膝状体	37
内側ベルト領域	42
内有毛細胞	17

の

ノイズ	4

は

倍音	3
ハギンスピッチ	139
場所説	89
場所ピッチ	56
発火閾値	22
パラベルト領域	42

反復リプル雑音	49, 139

ひ

ピークファクター	6
微細構造理論	99
非周期的複合音	3
ピタゴラス音律	160
非調波複合音	3
ピッチ	51
ピッチクラス	53
ピッチシフトの第1効果	98
ピッチシフトの第2効果	99
ピッチセンター	48
ピッチ選択ニューロン	50
ピッチハイト	53
ピッチ弁別干渉	136
比弁別閾	80

ふ

複合音	3
——のピッチ	107
部分音	3
——のピッチ	107

分析的聴取	107
分析的ピッチ	107

へ

平均律	156
ヘシュル回	47
変調伝達関数	32, 38

め

メル	51, 73

よ

抑制野	22

り

両耳エッジピッチ	141
臨界帯域幅	107

れ

レジデュー	93
レジデューピッチ	93
レジデュー理論	91

A

A1	43

B

BF	22

C

CB	107
CF	22
CN	33

E

ERB	107

H

HG	47

I

IC	36
IRN	49, 139
ISIヒストグラム	25

L

LS	41

M

MGB	37
MTF	32, 38

O

OAE	19

P

PDI	136
PSTヒストグラム	24

R

RT野	43
R野	43

S

SOC	35
SPL	5
STG	41
STS	41

―― 著者略歴 ――

大串　健吾（おおぐし　けんご）
1961 年　京都大学工学部電気工学科卒業
　　　　日本放送協会（NHK）入局（松山中央放送局技術部）
1965 年　NHK 放送科学基礎研究所視聴科学研究室
1974 年　工学博士（京都大学）
1984 年　NHK 放送技術研究所音響聴覚研究部
1988 年　京都市立芸術大学音楽学部教授
2003 年　京都市立芸術大学音楽学部学部長，同大大学院音楽研究科長
2004 年　京都市立芸術大学名誉教授

音のピッチ知覚
Pitch Percept of Tones　　　　　Ⓒ 一般社団法人　日本音響学会 2016

2016 年 12 月 28 日　初版第 1 刷発行

検印省略	編　者	一般社団法人 **日 本 音 響 学 会** 東京都千代田区外神田 2-18-20 ナカウラ第 5 ビル 2 階
	発 行 者	株式会社　コ ロ ナ 社 代 表 者　牛来真也
	印 刷 所	萩原印刷株式会社

112-0011　東京都文京区千石 4-46-10
発行所　株式会社 コ ロ ナ 社
CORONA PUBLISHING CO., LTD.
Tokyo Japan
振替 00140-8-14844・電話 (03) 3941-3131 (代)
ホームページ http://www.coronasha.co.jp

ISBN 978-4-339-01335-1　　（大井）　（製本：愛千製本所）
Printed in Japan

本書のコピー，スキャン，デジタル化等の
無断複製・転載は著作権法上での例外を除
き禁じられております。購入者以外の第三
者による本書の電子データ化及び電子書籍
化は，いかなる場合も認めておりません。

落丁・乱丁本はお取替えいたします

音響入門シリーズ
(各巻A5判, CD-ROM付)

■日本音響学会編

	配本順			頁	本体
A-1	(4回)	音響学入門	鈴木・赤木・伊藤・佐藤・菅木・中村 共著	256	3200円
A-2	(3回)	音の物理	東山 三樹夫 著	208	2800円
A-3	(6回)	音と人間	平原・宮坂・蘆原・小澤 共著	270	3500円
A-4	(7回)	音と生活	橘・田中・上野・横山・船場 共著	192	2600円
A		音声・音楽とコンピュータ	誉田・足立・小林・小坂・後藤 共著		
A		楽器の音	柳田 益造 編著		
B-1	(1回)	ディジタルフーリエ解析(I) ―基礎編―	城戸 健一 著	240	3400円
B-2	(2回)	ディジタルフーリエ解析(II) ―上級編―	城戸 健一 著	220	3200円
B-3	(5回)	電気の回路と音の回路	大梶 賀川 寿郎延 共著	240	3400円
B		音の測定と分析	矢野 博夫・飯田 一博 共著		
B		音の体験学習	三井田 惇郎・須田 宇宙 共著		

(注：Aは音響学にかかわる分野・事象解説の内容，Bは音響学的な方法にかかわる内容です)

音響工学講座
(各巻A5判，欠番は品切です)

■日本音響学会編

	配本順			頁	本体
1.	(7回)	基礎音響工学	城戸 健一 編著	300	4200円
3.	(6回)	建築音響	永田 穂 編著	290	4000円
4.	(2回)	騒音・振動(上)	子安 勝 編	290	4400円
5.	(5回)	騒音・振動(下)	子安 勝 編著	250	3800円
6.	(3回)	聴覚と音響心理	境 久雄 編著	326	4600円
8.	(9回)	超音波	中村 僖良 編	218	3300円

定価は本体価格+税です。
定価は変更されることがありますのでご了承下さい。

図書目録進呈◆

音響テクノロジーシリーズ

(各巻A5判，欠番は品切です)

■日本音響学会編

				頁	本体
1.	音のコミュニケーション工学 ―マルチメディア時代の音声・音響技術―	北脇信彦編著		268	3700円
2.	音・振動のモード解析と制御	長松昭男編著		272	3700円
3.	音の福祉工学	伊福部達著		252	3500円
4.	音の評価のための心理学的測定法	難波精一郎 桑野園子	共著	238	3500円
5.	音・振動のスペクトル解析	金井浩著		346	5000円
7.	音・音場のディジタル処理	山崎芳男 金田豊	編著	222	3300円
8.	改訂 環境騒音・建築音響の測定	橘秀樹 矢野博夫	共著	198	3000円
9.	アクティブノイズコントロール	西村正治 宇佐川毅 伊勢史郎	共著	176	2700円
10.	音源の流体音響学 ―CD-ROM付―	吉川茂 和田仁	編著	280	4000円
11.	聴覚診断と聴覚補償	舩坂宗太郎著		208	3000円
12.	音環境デザイン	桑野園子編著		260	3600円
13.	音楽と楽器の音響測定 ―CD-ROM付―	吉川茂 鈴木英男	編著	304	4600円
14.	音声生成の計算モデルと可視化	鏑木時彦編著		274	4000円
15.	アコースティックイメージング	秋山いわき編著		254	3800円
16.	音のアレイ信号処理 ―音源の定位・追跡と分離―	浅野太著		288	4200円
17.	オーディオトランスデューサ工学 ―マイクロホン，スピーカ，イヤホンの基本と現代技術―	大賀寿郎著		294	4400円
18.	非線形音響 ―基礎と応用―	鎌倉友男編著		286	4200円

以下続刊

熱音響デバイス	琵琶哲志著	超音波モータ	青柳学 黒澤実 中村健太郎	共著
頭部伝達関数の基礎と 3次元音響システムへの応用	飯田一博著	物理と心理から見る音楽の音響	三浦雅展編著	
社会と音環境	石田康二著	建築におけるスピーチプライバシー ―その評価と音空間設計―	清水寧編著	
音響情報ハイディング技術	鵜木祐史編著			

定価は本体価格+税です。
定価は変更されることがありますのでご了承下さい。

図書目録進呈◆

音響サイエンスシリーズ

(各巻A5判)

■日本音響学会編

			頁	本体
1.	音色の感性学 —音色・音質の評価と創造— —CD-ROM付—	岩宮眞一郎編著	240	3400円
2.	空間音響学	飯田一博・森本政之編著	176	2400円
3.	聴覚モデル	森周司・香田徹編	248	3400円
4.	音楽はなぜ心に響くのか —音楽音響学と音楽を解き明かす諸科学—	山田真司・西口磯春編著	232	3200円
5.	サイン音の科学 —メッセージを伝える音のデザイン論—	岩宮眞一郎著	208	2800円
6.	コンサートホールの科学 —形と音のハーモニー—	上野佳奈子編著	214	2900円
7.	音響バブルとソノケミストリー	崔博坤・榎本尚也・原田久志・興津健二編著	242	3400円
8.	聴覚の文法 —CD-ROM付—	中島祥好・佐々木隆之・上田和夫・G.B.レメイン共著	176	2500円
9.	ピアノの音響学	西口磯春編著	234	3200円
10.	音場再現	安藤彰男著	224	3100円
11.	視聴覚融合の科学	岩宮眞一郎編著	224	3100円
12.	音声は何を伝えているか —感情・パラ言語情報・個人性の音声科学—	森大毅・川井喜久雄・前川粕谷英樹共著	222	3100円
13.	音と時間	難波精一郎編著	264	3600円
14.	FDTD法で視る音の世界 —DVD付—	豊田政弘編著	258	3600円
15.	音のピッチ知覚	大串健吾著	222	3000円

以下続刊

実験音声科学 本多清志著
—音声事象の成立過程を探る—

低周波音 土肥哲也編著
—低い音の知られざる世界—

音声言語の自動翻訳 中村哲編著
—コンピュータによる自動翻訳を目指して—

水中生物音響学 赤松友成・市川光太郎・木村里子共著
—声で探る行動と生態—

コウモリの声と耳の科学 力丸裕著

聞くと話すの脳科学 廣谷定男編著

定価は本体価格+税です。
定価は変更されることがありますのでご了承下さい。

図書目録進呈◆